獨家公開！裕峯老師十招必勝成交法

提問式銷售聖經

頂尖業務都在學，從新手到高手，超業教練林裕峯教你
用問句引導客戶心理，創造銷售顛峰，這樣問就成交！

華人提問式銷售權威
林裕峯 著

超越巔峯
OVER THE TOP 教育訓練機構

"Mr. Lin Yufeng has a long track record of training sales teams. He is well known for helping salespeople become more confident and competent in working with customers. If your job involves sales, I highly recommend that you consider training with Mr. Lin Yufeng."

Tom Hopkins, author of 《When Buyers Say No》

林裕峯老師在培訓銷售團隊方面有很優秀的紀錄，他以幫助業務員業績提升而聞名，絕對有能力與客戶合作。如果你的工作涉及銷售、業務，我強烈推薦您跟著林裕峯老師一起培訓。

世界房地產銷售大師、《When Buyers Say No》作者

湯姆·霍普金斯

目次

第一篇 基礎觀念篇

改變腦袋，改變命運

第一章 一切，從問題開始

問題，重要嗎？有問題，是好事嗎？

通常我們說出「問題」了，就代表有「麻煩」了。當團隊行動時，領隊問大家：「還有誰有問題嗎？」若沒有人舉手，領隊心中就會鬆一口氣。

如果可以平平順順的，誰希望生活裡碰到「問題」啊？

但其實「問題」很重要，事實上，人類的文明就是因為「有問題」才得以進展。我們看看，當貓狗鳥獸們碰到各種狀況，牠們會怎樣？牠們只會逃跑。只有人類，不但懂得面對問題，還懂得從中發現提升自己的契機，所以人類才是萬物之靈。

人因「有問題」而偉大，讓我們先從了解問題開始。

從問問題開始每一天

大部分的人都討厭面對問題，包含人類以及所有生物都是這樣，如果可以，我們希望每天做任何事都可以有規則可循，

若每分每秒都必須應付全新的狀況，將是很累的一件事。

　　問題有兩種，一種是可以掌控的問題，一種是超越掌控的問題。前者關乎生活的抉擇，後者往往就是生命突破的關鍵。

» 可以掌控的問題

　　可以掌控的問題就如字面所述，是「問」題，在此，「問」跟「題」是兩個概念。最簡單的比喻，就是當我們參加考試時，面對試卷，上面有一則則的選擇題，這些選擇題的「條列選擇」模式，正是我們日常生活問問題的同樣模式，也就是從諸多選項中，「問」自己要選擇哪一個答案。

　　多數人可能都不會特別知覺自己「每天都在問問題」這件事，其實每個人每天從睡醒睜眼開始，就不斷地和「問題」為伍，包括醒來第一個問題：「我要繼續賴床嗎？還是趕快起來？」接著「今天要吃什麼早餐？」、「要穿哪件衣服？」、「早上要先做什麼事？」乃至於開始規劃今天有哪些重要工作、有哪些客戶要拜訪、哪些帳單要繳……等等。

根據專家統計，每個人一天內會問自己的問題超過一萬個，但多數人並不會特別去想「問問題」這件事，更不知道「有沒有問題？」、「是否問對問題？」影響人生甚鉅。若問錯問題，人生就會出問題。

» 超越掌控的問題

另一種問題，其實也是經常發生，只不過許多人選擇避開，少數人雖然願意面對問題，但是最終沒能突破問題。然而若一旦可以突破，那就是一種躍升。

舉一個最知名的例子，阿基米德當年接受考驗，國王命令他研究出「如何分辨出一個號稱純金的皇冠，是否真的是純金，沒有摻雜其他成分」的方法。

為了這個難題，阿基米德困擾很久，怎樣動腦就是找不到克服的方法，有一天，他正要泡澡，當他踏進浴缸時，忽然從浴缸溢出的水，悟出體積的計算原理。當時他還興奮到光著身體跑到街頭大喊：「我找到了！我找到了！」

放眼世界文明發展，每個大大小小的關鍵突破，都源自於「碰到問題，然後突破問題」，從最早時候輪子的發明、紙的發明，到牛頓被蘋果打中，問「為何蘋果掉下來？」後來發現地心引力。

近代的如瓦特發明蒸汽機、愛迪生發明電燈，到更現代的

電腦、網路，以及更有效率的晶體發明，都源於這種模式。

　　所以，問題真的很重要。如果沒有那些關鍵人物們問出某些問題，並且持續追蹤問題，那麼我們的生活將會退後好幾十年，甚至退步好幾百年。

　　然而，是否我們面對問題的態度，就是上面兩種，一種是跟我們日常生活有關的，好比中午吃什麼、假日去哪裡玩？我們做小小的抉擇；一種是跟我們沒關係的，像文明發展、科學發明這類的事，留給科學家或偉人們就好。

　　是這樣嗎？當然不是，關於我們每個人的「問題」，可沒這麼簡單。

你是否被問題卡住了？

　　我們每個人都會碰到前面說的兩種問題，並且這兩種問題都會影響我們的人生。甚至說得具體一點，從問問題的那一刻起，你人生就走在許多的分歧路上，好的問題（以及面對問題的方式）帶你走向越來越幸福的道路；壞的問題，可能就帶你走入沉淪之路。

　　先來說說那些很多人認為只有科學家或偉人才要面對的問題，也就是所謂「超越掌控的問題」。

　　其實「超越掌控的問題」，不是只有宇宙、玄學、醫

學……這類，而是關乎你每天的生活。在公司裡，當面對一個重大挑戰時，例如要爭取一個上億元的標案，你的心境是什麼？是想著「那是主管的事，我只負責做他交辦的工作」，還是開始去構思，如何創新突破爭取到這個案子的主導權？做業務銷售時，當公司訂下一個超高的業績標準，你是認為公司在刁難，害你生活越來越難過？還是開始去想，該怎樣做才能達到這樣的業績？

人生其實就是由一大堆問題構成，想像你站在一張超大的地圖上，你站在地圖的底端，也就是起點的部分，在遠方地圖的另一端，則是標示著成功的地標（成功的定義依您所希望的，諸如成為億萬富翁、當大企業家或是無憂無慮環遊世界……等等）。

而橫在你和成功地標間的廣大地圖上，到處擺滿了各式各樣的問題，並且越靠近成功地標，問題就越複雜。同時間，在地圖靠近你這端，則問題較小，都是些日常生活的小事，諸如月底繳房租、跟同事吵架、小孩子不聽話……等等的小問題。

為什麼許多人的人生成就有限，覺得自己注定平庸？因為他們站在地圖上，只選擇跟周邊的這些小問題耗，然後依然抱怨連連，一生都如此。但往前走，卻是許多更令人難以招架的問題，包括更高的業績、不熟悉的環境、難懂的新知識、要面對人群……等等，這令大多數人怯步。

平凡的人們總是問自己一個問題（雖然他們自己不自覺正在問問題），那就是「我要往前跨一步嗎？還是先這樣就好？」答案往往就是「照舊」最簡單。

也許他們的回答沒那麼直接，而是說，我願意往前走，但「明天再說」、「有空再說」、「先忙完眼前事再說」……

想想，以上的話是不是你的口頭禪？如果是的話，就是你問自己一個決定性的問題，卻又不願面對問題。

可以說，如果人生沒有成就，就是你被「問題」卡住了。這適用在任何領域，包括理財、事業、愛情、學習……，像是財務永遠只停留在平均線水平、追女友沒能成功、工作發展不上不下……等等，這一切，都源由於你被問題卡住了。

因為有問題，所以你必須處理

所以，突破人生的關鍵，就在突破問題。

坊間有許多關於解決問題的書，好比說教你如何理財、教你如何博得老闆歡心、教你如何開發新客戶，乃至於教你如何追求心儀對象……等等，但本書的重點，在於從「問問題」的角度切入。

我們知道，當發現問題時，如果能夠突破，就可以進入新境界。有個大家耳熟能詳的名詞，叫做「舒適圈」，當我們跳

脱原本安逸的環境，試著去挑戰不熟悉、不方便、不容易甚至不快樂的新狀況，爭取到更高的資源報酬以及成功，那就是突破舒適圈。

然而，在這一切之前，有一個更關鍵的要點。如同前面所說的，你要先「發現問題」，接著才會問自己「要不要突破」？如果一開始連發現問題這件事都做不到，就談不到後續種種突破的問題，也沒有是否突破舒適圈的問題。

但問題的出現有兩種模式，這兩種模式也常常會連接在一起出現。一般我們常說的問題，主要是「遇上的」，這是第一種模式，但本書要強調的問題，卻是自己「問出來」的，這是影響人生發展的關鍵模式。

什麼叫做「遇上的」問題呢？

好比說，我們在路上開車，不小心和別人的車發生擦撞，這個問題就是「遇上了」，你不得不去解決。或者在公司裡，老闆宣布因為經濟不景氣，年底準備裁員，業績排名倒數的10%無法繼續留任，這個問題也是「遇上的」。

什麼叫「**問出來**」的問題呢？

當我們在工作的時候，不是因為碰到難題，也不是因為老闆要求，而是自己想問自己「我是否可以讓業績更好？」這是自發性的問題。或者，我們處在人生的不同階段，自己問自己「我這一生就只能這樣嗎？是否可以擁有更好的人生？」這也

是自發性的問題。

　　而什麼是兩種模式相連的問題呢？這也是我們常見的問題，如同前面的例子，老闆說經濟不景氣，年底打算裁員，那麼若你是這家公司員工，你心裡會想什麼呢？第一階段問題，遇上了不景氣「我該怎麼辦？」，第二階段問題，那就分成很多種了，每種問題都關乎問句，也關乎未來成長：

- 我該怎樣做，可以提升自己業績？
- 完了，我快失業了，我要找工作，履歷要怎麼寫？
- 景氣不佳，這個產業的未來在哪裡呢？
- 這是否是我人生的轉折點，剛好趁這機會思考人生？

　　由此可以看出，不同的思維造就不同的人生，不同的問題，帶來不同的未來。

　　那位問怎樣提升業績的，可能會加倍努力，讓自己不要落入倒數 10％；那位問如何寫履歷的，大概就真的要失業了，未來是茫然的；那位思考產業未來的，則有另一番格局，他可能想晉升公司管理階層，甚至參與改造公司的工程。至於那位懂得思考人生的，也許經過這次機會，剛好讓他有機會創業，成為一個老闆。

　　一切的起點，起始於問對問題。

　　既然問問題那麼重要，下面就讓我們來說說「問問題」這件事。

第二章 問問題，改變你的一生

也許你沒注意，其實每天我們都處在問與答的攻守中。

每個看似平凡的交流背後都有問句，只不過那些問句可能已經生活化，已經成為習慣，所以你沒有感覺。同樣的問題，不同的關係問出來，就有不同的感覺。

「你去哪裡？」

若爸媽問孩子，是關心；丈夫問妻子，則視彼此親密度而定，可能是關愛，也可能是質疑。若不熟悉的人問這問題，那你就要反問：「我去哪裡干你什麼事？」

所以每個看似平凡的問句，背後都有其不同意義。

問與答，攻與守

為何說問與答是一種攻與守的關係呢？攻什麼？守什麼？舉一個簡單的對話。業務員推介東西給客戶，業務極力推銷，客戶則表明不要買，這是一種攻守。客戶是守方，後來被業務員說服成功了，就是攻方打點得分。

　　當然，這裡攻守不代表負面意涵，不是指被攻的一方就「淪陷」了的意思。事實上，若是沒有業務行銷，我們的生活將一成不變，不懂得提升自己生活品質，那樣的「守」只是最無為的「保守」，甚至是落伍的「守成」。

　　所以若能有攻有守，能被正確的觀念「攻下」，便是好事一椿。例如，我們願意拋棄傳統式的手寫方式，改用電腦來做文書作業，這不正就是被新觀念攻下來了嗎？

　　同理，男女之間交往的對談是攻守，夫妻間的對話是攻守，每天我們和老闆、和同事、和鄰居甚至和路人交談，經常都是一種問與答，也是一種攻與守。舉例來說：

- 有一件事，需要對方配合才能達成，好比說新婚伴侶蜜月旅行，這需要問答與攻守。
- 你的產品或理念必須推廣出去，這必須問答與攻守。
- 你碰到困難或困惑，尋求協助，必須問答與攻守。
- 任何的生活情境，面臨抉擇或改變（跟同事調班、住旅館想換房間），都必須問答與攻守。

本書後面將針對與人互動的問答，特別是針對業務拓展領域，有專業深入的說明。這裡先來分享一個更重要的問與答：那就是「與自己的問與答」。

自己跟自己對話，聽起來抽象，但卻是攸關自己的一生。

我們都常讀到書上提到的要「自我提醒」、「自我認知」、「自我覺醒」，或是說要「追尋自我」、「走出自己的路」，這一切的根源，都來自於自己與自己的對話。這樣的對話，無時無刻都在發生，這樣的對話，形塑你現在的性格，以及外界眼中你是怎樣的人。

問句，可以影響行動

問與答為何重要？

簡單說，我們所有的行動都是問句後的結果，是問句驅使了我們的行動。

許多人覺得自己沒有影響力，但這裡我們可以做個簡單的實驗，就算你只是個十歲的小孩子，也照樣適用。

讓我們走到附近的菜市場吧！你會發現你真的很容易影響別人。例如你問一個人：「我迷路了，請問某某路怎麼走？」那麼對方就會開始幫你指路，或者他會想想，然後搖搖頭說他也不知道怎麼走。

如果問一個人：「你身上這件衣服好漂亮，去哪買的？」她會很高興的說她在哪裡買，或者低頭看看自己的衣服，然後不好意思地說：「我忘記了，對不起，我正在忙，不好意思。」

你會發現，不論你問什麼問題，也不論對方回答的方式，只要你問一個問題，對方在「當下」就會照你的「問句」走。這實驗做幾次都一樣，不論對方是怎樣的年紀、學歷、身分，就算對方是總統也沒有例外，只要你拋出一個問題，對方的腦袋就會朝你問的問題方向思考。

如果說我們每天的生活重心，就是在影響別人（例如業務要影響客戶、老闆要影響員工、父母要影響孩子……），那麼問句這件事有多重要，那就不證可明。**只要問對問題，就會影響別人的下一個動作。**

但如果問問題對影響別人那麼重要，問問題對自己絕對更重要。畢竟我們每天一起床，一天內就會問自己上萬個問題。如果問錯問題會怎樣？這也就無怪乎，許多人的一生覺得沒有成就，其實就是栽在「問錯問題」上。

有一個真實的案例，正可以闡釋問問題的重要。

這個案例是一對雙胞胎兄弟，他們同時出生，有著同樣的父母、同樣的家庭背景、經歷過一樣的童年，但他們卻有著截然不同的人生發展。

　　這對雙胞胎的父母是從事非法行業的，走私毒品及一些上不得檯面個勾當。結果，雙胞胎中的弟弟，日後也是走入歧途，最終鋃鐺入獄；相反的，雙胞胎中的哥哥，日後卻成為了一名法官。

　　有記者分別訪問這對兄弟，為何選擇這樣的人生。得到的回答分別如下：

　　弟弟：「這是我的命，我的家庭就是這樣。我為什麼人生這麼倒楣？上天把我生到這樣的家庭。」

　　哥哥：「我很幸運，生在這樣的家庭，讓我從小就有了借鏡，知道不該走這樣的路。我總是問自己，怎樣才能過更好的生活，甚至解救家人？」

　　就是這樣，問了不同的問題，他們有了截然不同的未來。

　　由於我們時時刻刻都和「自己」在一起，就算流落到荒島，也永遠和「自己」在一起，所以如何與自己對話，問對問題，格外重要。

問對問題，結果就不一樣

　　既然連出身同樣的家庭，都可以因為問問題的方式不同而改變人生，那麼，我們日常生活中，各式各樣的問題，都有可能改變我們的明天。

讓我們來舉個常見的例子吧！

你是否偶爾（甚或經常）煩惱著金錢的問題，同樣是覺得自己財力不足，若問自己問題的方式有兩種，並且思維剛好很極端，一種是很負面，一種是很正面。

- **大多數人問問題的方式**：窮人會問自己，為什麼我付不起？我為什麼那麼窮？為什麼我那麼失敗？
- **有錢人當他在還沒有錢的時候，他問問題的方式**：他會問自己，我要怎樣才能付得起？那些有錢人是怎麼做到的？我要怎樣才能成功？

有一句話大家千萬要記得，這也是本書最核心的一句話：

「問題在哪裡，答案就在那裡！」

這就是我們腦袋的思維方式，記得前面那個例子嗎？我們去菜市場隨便問一個路人問題，對方的反應就是我們問什麼，他就朝那個方向想事情以及回答問題，我們的自己腦袋更是如此。

當我們問自己「為什麼那麼窮」？腦袋就會去努力找答案，找出任何跟「窮」有關的理由、藉口、理論。結果，當一個人整天想著「窮」，當他的腦袋充滿「窮」，他整個人自然變得天天與窮為伍，連帶地思想消沉、生命灰暗，越來越看不

到希望。

　　但同樣財務條件的兩個人，一個人問自己為什麼那麼窮，另一個人卻問自己怎樣變有錢，於是他的腦袋，就會努力去找跟「變有錢」有關的作法、思維、範例。結果當他整天想著如何變有錢，自然而然在氣質上、工作態度上都有了正面的能量，當機會來臨時，他也能立刻掌握，最終也真的會變成有錢人。

　　這其實就是一種「**一體兩面**」的觀念。

　　就好比我們談水，可以談到水是所有生命的源頭，水是美麗大自然的一環，也可以談到水是造成千萬人死亡的禍首，是讓人們與外界的隔絕阻礙。

　　但為何多數人寧可談負面，不談正面呢？其實這不是故意的，這是習慣問題。問問題看似簡單，其實是需要訓練的，本書就是要訓練大家如何正確的問問題。

第三章 建立正確信念，由好問題開始

　　我們明天會變怎樣？請不要把自己的未來交給算命師、交給父母、交給專家或交給任何人。明天會怎麼樣，絕對是靠自己，而自己的明天會如何，絕對又是從你此刻問的問題開始。

　　你明天會怎樣？好比說，會不會成為有錢人？第一個關鍵問題，一定是：「我⋯⋯變成有錢人？」

　　一般人難以成功，原因就出在這個「⋯⋯」的部分，關鍵問題問錯了：

　　一個問「我可以」變成有錢人嗎？跟一個問「我該怎樣」變成有錢人？問法不同，後續作法也不同。

　　一個人可以問「我能不能？」、「我要不要？」、「我想不想？」、「我要如何做？」每種問法，帶來的行動力都不一樣。

　　問問題是需要訓練的，讓我們從基本觀念開始。

想像你就是成功的人

　　一個人會變成怎樣的人，一定是照世人所認知的嗎？答案當然是否定的，最明顯的例子，讓我們來看世界上最有權勢的人吧！大家應該都認可，美國總統應該就是世界上最有權勢的人，而剛好最近前兩任的美國總統，第 44 任總統歐巴馬和第 45 任總統川普，都是那種非典型、在過往不被看好可以當總統的人。

　　黑人當美國總統？可能嗎？那個負評不斷的大財主當美國總統？可能嗎？結果如眾人所知，兩人都跌破眾人眼鏡，成為世界上最有權勢的人。

　　所以我們的未來會如何？不要再去相信普羅大眾傳統認知的基本準則，因為這些準則都可能可以改變的。影響自己未來最大的要素，不是那些過往人們以為的準則，而是自己的決心。而這樣的決心，一定跟「問句」有關。

　　國際知名的催眠大師馬修史維（Marshall Sylver）曾說過，要實現夢想有四個策略：

　　第一、想像是。

　　第二、假裝是。

　　第三、當做是。

　　第四、就是。

　　這四個步驟可以實現任何概念，事實上，任何億萬富翁都是這樣來的。

　　這些企業家在最早的時候，絕對不是問自己「我可以變有錢人嗎？」，而是直接想像自己已經是有錢人：「如果我要當個有錢人，我必須做到什麼？」

　　有錢人為什麼有錢？有錢人一定擁有超級暢銷的商品，所以我要先讓自己擁有暢銷商品。

　　有錢人為什麼有錢？有錢人一定很會賣他的商品，所以我要先讓自己很會賣商品。

　　有錢人為什麼有錢？有錢人一定身邊有很多重量級朋友，所以我現在要廣結人脈。

　　可以看見，每個問題，帶來一個決定；每個決定，帶來行動；每個行動，帶來的累積效果，結果就是他真的變有錢。

　　依照催眠大師的建議，我們要先催眠自己，改變自己的腦袋。催眠不是做白日夢，這裡的催眠，指的是給自己強大的信念。

　　朱元璋在他還是癩痢頭和尚時，就想像自己是皇帝，他會站在土壘上，分封土地給屬下，包括後來成為大將軍的陳友諒，也都被他「分封過」。如果當年他曾經懷疑過自己會當皇帝這件事，日後就不會有明朝的誕生。

　　所以，讓我們先建立好認知，把自己想像成最好的人，然

後站在那樣的角度問正面的問題，最後，你將夢想成真。

必勝雙階段問法

問問題需要練習，不僅僅需要練習，並且要練習到成為「習慣」。好比朱元璋當年最常問自己兩個問題：「我為什麼可以當皇帝？」、「我如何可以當皇帝？」

而不是問：「我可以當皇帝嗎？」甚至「別做夢了，我怎可能當皇帝？」

「要」，絕對是從「想要」來的，讓我們來練習這件事。

如果我今天站在你面前，跟你說：「這位先生，你三年後的此刻會是個大企業家，擁有億萬資產，為了感謝我的未卜先知，我要你先承諾，若我說的話真正實現了，請你三年後的此刻要給我 1000 萬元。」

如果是你，你會答應將來給我 1000 萬元嗎？若是不會，為什麼？

請注意，這也是個問句，這個問句將導引你去思考如何面對未來。

你可能會說：「別鬧了！我只是個小小上班族，三年後怎可能變大企業家？」也就是說，你連作夢都不願意，這樣的人很難建立問句。你的第一步，就是要讓自己堅強，不要再自認

自己什麼都不可能了。

　　你可能會說：「哈哈！三年後變成大企業家。你在搞笑是吧？沒關係，我就承諾你吧！反正我也沒損失，若三年後我真的有錢再說吧！」也就是說，你還是不相信自己的能力。但是用機會主義的觀點，反正對或錯自己都沒有損失。這樣的你，依然需要建立信念，才能用問句加強自己。

　　你可能會說：「真的嗎？我三年後會變成大企業家，太好了！但請問，我該怎樣變成企業家呢？」

　　BINGO! 你答對問題了，你有潛力了。這個測驗可以適用在每個人，我們也可以測試自己。如果任何一件好事在你身上，你的第一個反應就是「這怎麼可能？」，那麼很顯然，你必須要改變信念。

　　請不要灰心，根據我們的統計，大多數人的反應的確就是「這怎麼可能？」，這是因為整個教育體系，從小到大灌輸給我們的是「安分守己」、「腳踏實地」，本來這些觀念也沒錯，但長久以來，也養成我們太過保守，甚至太過悲觀的傾向。

　　讓我們先從「改變心態」開始。

　　而要做好這件事其實也不難，請記住以下的雙階段問句法，從今天起，每次碰到好事時都這樣問自己，最好是建立這樣的習慣。

這個必勝的雙階段問法，即：**先問 WHY，再問 HOW**。

請讓自己開始練習。拋開過往的習慣，過往你碰到問題，總是第一個念頭：「我可能嗎？」現在請改成朱元璋當皇帝時的問法：

「我為什麼可以？」

「我該如何做到？」

相輔相成的問句法

好吧！有人說，反正只是測驗而已，很簡單。但我相信，就算是測驗，每個人也都會畫地自限。

每個人都有個夢想的極限，例如有人最高的夢想就是當一個小公司老闆，但如果要他當臺灣 No.1 總裁，他內心就會自己告訴自己，這是癡人作夢吧！有人的夢想就是追到學校的校花，若說他可以娶到國際第一名模，他「想都不敢想」。

這就是畫地自限。

這裡要跟讀者分享本書另一個很重要的觀念：**沒有人可以改變你，只有自己可以改變你自己。**

所以這世界雖然有許多頂尖銷售員，以及各種傳奇的業績之神，但是所有的銷售，最終決定權絕對是在客戶那一方，頂尖業務員都會告訴你：「不是我成功的銷售商品給他，是我成

功地讓他『自己願意』接受我的商品。」

　　一個人的成就，只能到達他「想像的極限」。

　　讓我們做練習吧！試著突破自己想像的極限。

　　當我問你，要如何追到在臺灣被多數人認可的第一名模林志玲（做為例子，這裡暫不管年齡問題），你的腦海想的是什麼呢？

　　請立刻拋開「這怎麼可能？」這個想法，然後跟著我，努力讓腦海轉到以下的方向。請認真的想 WHY：「為什麼我可以追林志玲？」

　　一開始，你多多少少會分神，覺得這是胡鬧，根本就不可能的事，幹嘛去想呢？但是我要你拋開這些負面聲音，就專心去想。然後你就會發現，你一定可以找到理由，只不過，你以前沒讓腦袋去想而已。

　　你會想：

- 我可以追林志玲，因為我做事誠懇，林志玲不缺錢不缺讚美，但她需要一個終身可以誠懇待她的人。
- 我可以追林志玲，因為我有理想抱負，林志玲可以嫁給有錢人，但那人已經有成就，少了成長。但嫁給我的話，我則可以展現給她看「我如何變成有錢人」？讓她和我一起經歷變有錢的成長喜悅。

　　你會發現，不想則已，一想就真的會找到很多可能。當這

樣的思維方式變成習慣，你就可以套用在各種模式：

- 我為什麼會變成億萬富翁？
- 我為什麼有能力帶爸媽環遊世界？
- 我為什麼可以在演講比賽拿到全國冠軍？
- 我為什麼能夠成為臺灣最受尊敬的百大企業家？

這個 WHY 很重要。

但如果單單有 WHY 沒有之後的 HOW，那就是典型的白日夢了。只問為什麼，卻沒有任何想執行的想法，那樣空口說白話，說久了，反倒讓自己變得更浮誇。

所以當問完：「我為什麼可以追上林志玲？」接著一定要問：「我該如何追到林志玲？」

但也許有讀者要問了，何必那麼麻煩？為何不直接一開始就問：「我該如何追上林志玲？」

這也是問問題的一個關鍵迷思。當我只問 HOW，往往力道很弱。就好比在課堂上，老師要學生解題，學生若是只靠考前硬背，照書上的公式解答，也許可能答對，但要是考題做了變化，學生就答不出來了。然而，如果一個學生先問自己 WHY，了解公式背後的原因，並且因此有了學習的熱情，那麼不管考題怎樣變化，他都答得出來。

WHY 是找出熱情，以及做一件事的信念，有了信念，再去想 HOW。這就是必勝的雙階段問法。

　　如果一開始就問：「如何追到林志玲？」回答者絕不會認真去想的，因為他內心根本沒說服自己，所以也不會誠心去回答這個問題。

　　有 WHY 沒 HOW，只是一場空談。

　　有 HOW 沒 WHY，同樣是一場空。

　　下面，讓我們做更進階的人生問句應用。

第二篇 生活實用篇

問句就是影響力

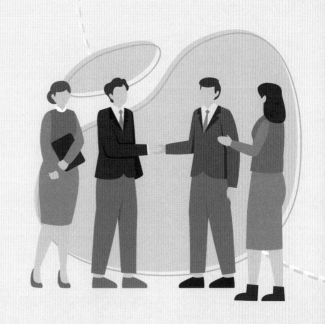

第四章 人生總是會有問題

　　我們的腦袋，經常被拿來和電腦做比較。電腦是個運算的機器，人腦是個更複雜的運算機制。電腦用位元儲存龐大資訊，人腦則是透過神經突觸，以及許多連科學家也尚未開發的結構，儲存我們一生的資訊。

　　然而，除此之外，人腦還有一個地方，跟電腦的應用方式很像，那就是電腦只做人類輸入指令的事。而我們人類每天的行動，也是依靠著大腦的思考下決策，而大腦思考的源頭，便是依賴人類（包括自己和別人）輸入指令。

　　若掌握輸入指令的祕訣，那麼不僅人生可以過得更正面積極，也可以在從事不同行業，特別是做業務工作時，更能事半功倍。

請給我一個理由

　　說人腦和電腦很像，但畢竟有一個根本性的不同，人腦有情感，而電腦則只是機器。因為有情感，所以我們做任何事，

絕對都需要「理由」。

　　機器人掃地、運算或上前線打戰，只需要命令，就算原始指令下錯了，機器人也一樣不問對錯去執行命令。但人類做的每件事，就算只是躺下來休息，也需要理由。躺下來休息是因為累了？因為覺得無聊？還是只是純粹因為想放鬆一下？

　　簡單的事，只需要簡單的理由；但複雜的事，就需要更複雜的理由。而人們無法做更複雜的事，往往就是因為沒有足夠說服自己的理由。

　　好比說，要當老闆，這件事很難很複雜，算了，還是當個小小員工比較簡單。要成為億萬富翁，要懂好多學問，要接洽好多人，太麻煩了，算了，還是領薪水聽命令做事比較簡單。

　　可以說，一個人成就高低的關鍵，跟是否願意提升自己，做更複雜、更困難的事有關。而這就需要「理由」，甚至當我們挑戰更高境界時，我們需要的是「動機」，而動機就是來自於問句。

　　若有可能，每個人都很會找理由的，不信我們找一天去小

學課堂上旁觀。當有小朋友遲到了，老師問為什麼遲到？就連不滿十歲的小朋友，也都能找出各種相關的理由，什麼肚子痛啦！媽媽生病啦！鬧鐘壞掉……等等都有。

如果連小朋友都如此，成人們的理由就更多了，老闆問員工為何上班遲到了？什麼交通事故、接到親戚病危通知、路上日行一善幫老太太過馬路……等，只要給個問題，他們就會「創造」出答案。可以説，人腦的設計就是你問什麼，腦袋就回答什麼，所以答案就在問題裡。

因此，任何場合，我們想要改變一個人（包括自己）往正向發展，首先就是要針對大腦，輸入正向的問題。

像是前面那個例子，老闆問員工為何上班遲到？問題是「遲到」，所以答案就是「遲到」。老闆希望員工常常遲到嗎？若不希望，那問題就必須是「不要遲到」，因此老闆就該問員工：「你應該怎麼做，以後才能不遲到？」於是員工就會回答，下次早點出門、晚上早點睡……等等。

輸入指令變了，員工大腦的思維方式就會變，行為模式也會跟著變。

如果老闆問一個問題，員工會想各種理由回答，當我們問自己問題，我們的大腦也會想各種理由回答。例如問對方，你為何那麼胖？對方就會講一堆自我安慰的理由，因為遺傳、因為生長的環境、因為體質就是這樣……

現在我們懂得問法了，就該反問要怎樣變苗條？那麼對方就會去找變苗條的方法。所以如果學生考試成績不太好，要該問下次怎樣可以考好？而不要問考壞的理由。

特別是業務銷售東西，不要執著於客戶為何不買，不要每次被拒絕就自我否定，否定到後來就離職不想幹了。這種人多半不是被業務工作打敗，而是被自己的「問題」所打敗。

業務應該要問的問題是：「客戶為何要跟我買？」

我們不強迫客戶給理由，但反倒我們自己要先替客戶想好理由，並且要寫出至少五十個。

在後面的章節中，我們會介紹「問句銷售法」。在此，我們先繼續來談談生活層面的問句人生改善法。

問出更多的理由

前面提到，假如要幫客戶找出買東西的理由，就要寫出至少五十個理由。為什麼要寫五十個？為何不能一個理由就好？因為做每件事都需要理由，如果事情比較大、比較困難，那就需要更多的理由支撐。

就好比你追求一個女孩子，那個女孩子為何要跟你交往？總不能只有單一一個理由吧？若只因為一個理由（例如你很帥、你很有錢），這樣的理由都太薄弱了，兩人交往的基礎也

就會變得淺薄。

我們要成就任何一件事，也就必須要很多個理由。

可以想像在一道極淺的溪流上，擱淺著一艘獨木舟，靠著原本的水量，無法移動獨木舟分毫，但若是隨著降雨或者其他支流的溪水導入，讓水量越來越大，終於那艘獨木舟會被水撐起來，然後往下流沖去。

原本溪水的水量，只是單一的理由，但是當水量變多，也就是理由夠多時，就會帶來改變的力量。而論其源頭，其實就是一個個單一的理由，由此可見理由很重要。

男女朋友為什麼會分手？一定是先有分手的理由，而這些理由不是單一個，一定是日積月累很多的問題所累積而成的。然而這些理由怎麼來的？說來矛盾。其實，我們要維繫一段情感跟摧毀一段情感，可能所基於的元素都是一樣的，只不過問法不同，結果就大大不同。

男女朋友或者夫妻相處都是這樣，當妻子問先生：「你為什麼會不喜歡我？」

先生說：「我哪有不喜歡你？」

妻子說：「有啦有啦！我一定有缺點啦！你說吧！」

於是先生就說啦：「你的缺點就是懶散、不顧家、愛無理取鬧、愛亂買東西……」

然後一邊條列著，一邊先生自己就想著，還真的呢！以

前沒特別注意，現在越想就發現妻子缺點越多。到最後，這個妻子的缺點簡直多到爆，多到先生開始懷疑自己當初為何會娶她？

　　所以男女朋友分手或夫妻離婚，其實就是大家將焦點集中在負面因素上，越想越痛苦，問出負面問題，得到許多負面答案，終究造成必須分手。

　　這種負面影響力可以應用在任何地方，公司員工離職率高，一定是那些員工找到離開的理由；做生意客戶都留不住，因為客戶找到不買你產品的理由。

　　推動事情發展的理由不會只有一個，我們可以想像，有一張桌子，如果只有桌子中央有一根柱腳，感覺這張桌子一推就倒。如果後來多加一根，再加一根，最後再一根，有了四隻腳後的桌子，就不會再被推倒了。

　　但即使這樣，桌子還是可能被壓垮，因此桌腳越多越好，當有了十幾二十根腳時，這張桌子就算地震被屋垮壓住，還是能屹立不搖。

　　同理，我們要一件事情「穩固」，就要多問問題，增加其被支撐的理由。例如賣東西給客戶，要問出對方心目中對產品的優點，不斷的問「還有呢」？問多了，理由越多，客戶就對產品愛不釋手，非買不可了。

　　對自己也是一樣，我為什麼一定會變有錢人？因為我有

理想抱負。還有呢？因為我做人誠懇，身邊有很多朋友。還有呢？因為我認識一群願意幫助年輕人的老闆。還有呢？因為我有個賢內助，她會襄助我成為有錢人。還有呢……

問到後來，連你自己都深信不疑，自己一定會變有錢人，就像那張擁有十幾隻桌腳的桌子，你對成功的信念，已經屹立不搖。

用問句影響身邊的人

一個成功的人，不論是變成一個企業家，變成一個偉大的政治人物，或者變成某個領域令人尊敬的學者，他們都有一個共通點，那就是他們都是有影響力的人。每當我們看到這樣的人，就會對他們感到敬佩，願意聽從他們的建議做事。

但我們有沒有想過，所有這些成功的人，也是從娘胎出生，然後經歷過嬰孩、少年、青年階段成長，除了宗教神話以及古老皇族，現實生活中沒有人是一出生就擁有被尊敬的特質，這些人也是經歷過年少不經事、思想淺薄的階段。

到底具體來說，他們是在人生的哪個關鍵轉折點，開始變得讓人尊敬呢？答案一定是當他們「開始說服自己」那一刻起。就好比前面說過的明朝開國皇帝朱元璋，他從什麼時候變成一號人物，有人追隨的呢？當然絕不是成為皇帝後，也絕不

是在開疆擴土與蒙古兵對抗階段，早在那之前，甚至早在他少年時代，當他「想像」自己是個領導人時，他就已經是一號人物，是個被追隨的人了。

　　當少年朱元璋小小的身影就可以影響人，我們若身為成人，該如何在日常生活影響別人呢？

　　舉個例子。有一天，我和幾個友人傍晚搭車想上陽明山泡溫泉，原本大夥興高采烈的，突然間風雲變色，下起了滂沱大雨。一下子，大家的遊興都被沖淡了，甚至覺得有種被困住的感覺。此時開始有人講話，他問：「為什麼這種天氣，我們還得折磨自己上山？」

　　這問題徹底讓整輛車子裡的氣氛更為消沉，因為那個問題，導引大家去想著為什麼要折磨自己，然後越想就越消沉。想著自己明明本來可以在溫暖的客廳裡，一邊蹺著二郎腿一邊看電視，為何現在要被困在這窄小的車子裡？連原本個性比較開朗的朋友，此時也開始臭著臉，滿臉不高興地看著被雨打濕的山路。

　　這時候，我該怎麼發揮影響力呢？如果此時我用正面問句，有沒有用呢？

　　好比說：「大家不要心浮氣躁，讓我們好好想一想，該怎樣快點上山，趕快去泡溫泉，不就沒事了嗎？下雨天沒關係啦！不是說風雨生信心嗎？」

　　這時候我完全用的是正面話語，也都是用正面的問句。但是結果有用嗎？我一看車內，每個人仍是意興闌珊的，受到外頭大雨所影響，個個無精打采，連開車的那位朋友也鐵著臉不說話，感覺上他似乎正在想，乾脆把車開回頭算了。

　　這是為什麼呢？前面不是說問句可以影響行動嗎？

　　是的，問句影響行動，但是問句的強度，來自於內心的認同度。因此，當大家內心沒有意願時，光是問大家該如何更快上山，也就是問 HOW，是不夠力的。

　　此時，我改變了問法，我說：「下雨的確很討厭，但是大家不妨想一想，我們當初為何想要出來泡溫泉，我們都不是一時興起才想要泡溫泉的吧？我們想想，我們認真回想一下，為什麼要來泡溫泉，這次的溫泉之約有什麼好處？」

　　經我這麼一問，有人想起來了，說：「我們這次出來泡溫泉，就是想要聯絡兄弟間的感情的，怎麼那麼輕易就被雨打壞心情呢？」

　　另一個朋友接著說：「對啊！當初不是說天氣漸漸冷了，這時候泡溫泉最舒服了嗎？」

　　又有人說：「平常泡溫泉可能都要排隊，但是今天肯定遊客變少，不是正好可以讓大家泡得更舒服嗎？」

　　此時大家你一言我一語的，於是漸漸又轉變心情，很期待上山了，甚至懷疑剛剛怎麼會輕易被滂沱大雨就打壞了遊興，

雨天泡溫泉多棒啊！還可以跟朋友炫耀呢！在這之後，再來討論怎樣可以更快上山，大家的興致就來了，當天晚上也真的有了一個愉快難忘的回憶。

從這個例子我們可以看到，一個人可以透過問句影響別人，就算是生活中小小的事也一樣。

記得，先問 WHY 再問 HOW，就能變成堅強的問句模式。

第五章 和日常息息相關的問句練習

現在我們都知道，問問題的方式，可以影響事情發展的結果，包括可以影響自己的人生，也可以影響周遭的氛圍。

其實更多時候，影響最大的部分仍是自己，除非是身為業務人員，有可能每天拜訪不同的人，這樣的職業會天天問問題，否則一般來說，每個人不一定會天天和陌生人講話，就算與陌生人講話，問問題的時間也遠遠比不上和自己對話的時間。

如果問句可以改變我們自己的人生，那麼，我們要如何讓這樣的問句，效力更加強呢？

打造你的人生首要問句

什麼人是開車開得最好的人？答案當然是熱愛駕駛，每天都在玩車的人。

什麼人是演講技巧最好的人？答案當然是勤奮演練，每天都在演講的人。

所謂「時間花在哪裡，成就就在哪裡」，各種技藝如此，關於人生的自我問句也是如此。

既然問句影響人生至鉅，那麼該如何讓這件事具備更大的影響力呢？答案就是，設法讓這件事「變成習慣」。

以我本身身為業務工作者來說，從前我就已學會用問句建立了一套模式，並且透過每天練習，讓那個模式變成一種習慣。對身為業務的人來說，最常碰到的事就是「被拒絕」，一般人一而再、再而三被拒絕，難免會感到氣餒，甚至產生離職的念頭，但是我當時就建立一種信念，並且透過問句的方式，每當被拒絕時，就會問自己一句話：

太棒了！我被拒絕了，這代表我可以學到什麼好處呢？

每當這樣想的時候，我就會去想「好處」。

我被拒絕了，但我因此學到了跟這種類型的人談話要多注意些什麼；我被拒絕了，但我也因此認知到，自己在介紹產品時仍不夠流暢。

一開始當然比較勉強，但為了建立起習慣，我就先壓下被

拒絕的失落感，認真問自己這個問題，一次、兩次、一週、兩週、一個月、兩個月……，終於，我把這件事變成了習慣。這個習慣不僅僅是當銷售面對拒絕時適用，就算在生活中碰到任何不如意也都適用。

好比說，開車在路上不小心發生擦撞時，一邊下車一邊等警察的過程中，我也告訴自己：「太棒了！發生這樣的事，到底帶給我什麼好處呢？」答案是，剛好趁此機會讓我了解保險的理賠流程，這回的擦撞事件情況不嚴重，但卻可以讓我學到教訓，避開將來可能更嚴重的狀況。

當自己問自己「有什麼好處」時，我就變得開朗起來。後來，我做業務不怕被拒絕，實際上被拒絕的次數也越來越少，因為客戶們都感受到我有一股正面的能量。

就算碰到挫折，朋友們也感覺到我這個人似乎抗壓力比較強，總能在不幸的情境中，依然展現出開朗以及值得信任的特質。就這樣，我變成更被看重，也擁有更大正能量的人。

所以，我要給朋友衷心的建議：為自己設定一個「人生首要的問句」。

這個問句要時常講，要變成一種習慣，要變成一種反射動作。當你碰到困難、碰到挑戰的時候，那個問句就要自然而然跑出來。從此，你就會變成一個比身邊周遭的人更堅強、更具備抗壓性的人。

這個問句一定要發自內心，適合自己的。

以我來説，「太棒了」這三個字，本來就是我年輕時就有的口頭禪，現在結合成一個問句，對我來説很自然。我相信每個人有各自的狀況，有各自依憑經驗對自己「最有感覺」的語詞，或是牽涉到成長記憶的獨特形象。

適當地將那些正面的事物，結合進你的問句，打造你的人生首要問句，這個問句將帶給你一生的幫助。

人生的問句小卡

除了建立人生首要問句外，在日常生活中，有各式各樣的問句，我們也要試著去調整。

當然，這需要時間，但是只要基本觀念正確，內心裡我們要知道，腦袋就是跟隨著我們的問句想事情的，這樣，我們就會盡量選擇用正面的句子，可以多多進行以下的練習。

* 怎麼那麼倒楣？
→（改成）怎麼那麼神奇，發生奇特的事？
（將問題以不同方式呈現。）
* 為什麼我的遭遇是如此？
→（改成）為什麼我的人生可以過得幸福燦爛精彩美麗？
一定有方法的！

（對已發生無法改變的問題，不要去問了，改問將來可以改變的事。）

• 為何無法月入百萬？

→（改成）我怎樣可以月入百萬？

（對同一件事，以正面的問法來敘述。）

在練習的過程中，可以試著檢視自己，讓我們找某一個整天來做實驗吧！好比說，今天出門上班時，不巧差一秒鐘沒趕上公車，得等下一班，這時你的心中在想什麼？到了辦公室，你跟某位同事打招呼，他卻裝作沒看見你，專心看文件走過去。這時候你的心中又在想什麼？打電話給客戶，連續遇到兩個都是語氣不善，對公司的產品多所批評，你必須在電話這端不斷道歉，這時候你的心中想什麼？中午想吃豬排飯，但是你最愛去的那家店剛好今天公休，這時候你心中又想什麼？

你可能會發現，原來在日常生活中，你經常是這樣想事情的，諸如：「我怎麼那麼倒楣？」、「為什麼別人對我不好？」、「為何連餐廳都跟我作對？」……

再想想，這些都只是小事，如果有一天發生大一點的事，諸如親人出事住院、錢包被扒損失上萬元、身分證被冒名使用還得去警察局做筆錄……等等，這時候你可以應付嗎？如果連小的事情你都抱怨連連，又該如何承擔更大的使命呢？

好比說，如果今天你經營一家公司，被廠商跳票五百萬元，這種事你可以面對嗎？如果連五百萬元都不能面對，如何能說自己想成為億萬富翁呢？

經常思考就會發現，**選對問句，會影響一個人的格局。**

然而，就算是好的問句，難道每天不斷用正面字眼結合成問句就好了嗎？這樣仍是不夠的。

除了人生首要問句外，針對其他生活層面的問句，我們若要將一個問句變得更有影響力，就要想辦法讓問句「更精細」。好比說：「我如何做到月入百萬？」這個問句雖然很好，但是難免有些空洞，感覺力道不夠。如果改成：「我如何做到，在今年 12 月 31 日年度結算前，讓自己的業績可以達到月入百萬？」這樣就更為具體，這個問句，也就可以是有效的問句。

可以試著想出可以「改造自己」的問句，並且每個問句都用更具體的方式來表示，例如：

- 為什麼別人都會喜歡我？
→為什麼不分男女老少，就算陌生人也都願意接納我、喜歡我？
- 為什麼客戶都願意優先指名與我合作？
→為什麼在工作上，我銷售的產品，客戶對我的指名率都超高，在日常生活中，我也是人緣第一好？

希望各位讀者可以試著列出形塑你人生的十句話。請注意！這句話跟人生首要問句是不同的，人生首要問句，是當碰到狀況時會呈現自然反應，立刻腦海中浮現出來的話。形塑人生的十個問句，則是你建立自己信念，時時刻刻記在心中的話。你可以寫一張小卡片，時時帶在身上：

> 我的人生首要問句：
> 太棒了，這件事的發生對我有什麼好處呢？

> 形塑我的人生十大問句：
> - 為什麼我會變得越來越有錢？
> - 為什麼我的人緣總是那麼好？
> - 為什麼客戶喜歡跟我買東西？
> - 為什麼我總是可以吸引異性的眼光？
> - 為什麼我可以成為別人學習的典範？
> - 為什麼大家願意付錢來聽我演講？
> - 為什麼名人都願意跟我交朋友？
> - 為什麼我的家人都以我為榮？
> - 為什麼我總是充滿熱情？
> - 為什麼我的人生無怨無悔？

　　當這樣的小卡，融入你的生活時，記得嗎？如同催眠大師馬修史維説的，你要先「想像自己是這樣的人」，最終你真的會變成這樣的人。

負面問句的影響

　　關於問句，接下來要講一些悲傷的事，這些是真實的案例，並且古今中外直到今天都還經常發生。

　　有時候我們會在媒體上看到名人辭世的新聞，人終有生老病死，這是生命必然。

　　但令人難過的，很多名人（是的，的確很多）選擇的離開方式卻是自殺，而這些只是名人的部分，絕大部分的一般民眾，他們的自殺（包括慢性自殺，例如自暴自棄、吸毒、沉淪度日……）沒被報導出來，但數量肯定更多。

　　一個人會「突然」想要自殺嗎？前一天還很正常，第二天就要自殺？不太可能有這種事。自殺通常是長期累積的負面情緒所造成，這無關財富、無關成就。之所以很多金錢無虞、也在社會有一定知名度的人，卻選擇自殺，令人百思不得其解，究其原因，就是**長期以來一直用錯誤的問題問自己**。

　　曾經有一個香港國際巨星，擁有千萬粉絲，卻在壯年時期選擇以痛苦的跳樓自殺方式結束自己的生命。後來警方在勘察

他的居所時，找到了很多應該是他本人寫的字條，上面都寫著「不快樂」、「不快樂」……

可以想見，有很長一段時間，這位巨星經常問自己：「人生為何不快樂？」

當腦袋不斷被輸入這樣的訊息，終於有一天，「不快樂」變成是一種鐵一般的事實。腦袋告訴他，你的人生太不快樂了，人活著就是為著追求快樂，逃離痛苦，如果活著那麼不快樂，還不如不要活了。於是，一樁舉世震驚的自殺案件就這麼發生了。

可以說，是問句摧毀了一個人。

或許，這位巨星的故事比較極端，一般人可能身邊沒有寫著負面的字條，但也都或多或少用其他方式，在腦袋裡儲存著負面的問句。

舉凡：我為什麼不快樂？為什麼客戶都說沒錢買？為什麼沒人想跟我合作？為何我老是失敗？為何我總是那麼笨？為何大家不喜歡我？

這些問句真的很可怕，會摧毀一個人，多數時候，可能沒有到必須自殺的地步，但往往也殘害了一個人的終身。

我就曾不只一次看到，有的人因為童年遭受霸凌，於是產生嚴重的自卑感，經常問自己，為何大家都討厭自己？問到後來，整個人變得畏畏縮縮，做什麼事都無法獨當一面。就連有

心要幫他的人也不知該從何幫起，因為當一個人從內心裡徹頭徹尾自我否定時，外界根本無法介入。

而糟糕的是，有些人會自我否定，但每個人也經常成為否定別人的人。正如大家都知道的，當我們要用積木蓋一棟房子時，要花比較多時間，但是當我們要推倒這棟房子，卻只要一根指頭。同樣的，要建立正面的內心觀念需要時間，但我們想帶給別人負面的影響，卻相對容易得多。

我們可以做個實驗。假定幾個人串通好，一起針對某個人來發揮問句影響力，假定這個人叫做小明。

這一天，小明在通往公司的路上遇到我，我一邊和他打招呼，一邊憂心忡忡的說：「小明，你最近還好嗎？太累了是嗎？我覺得你的氣色看起來不太好。」

小明說：「沒有啊！我身體沒怎樣啊？可能是剛起床不久，精神比較差吧！」

進了公司後，在茶水間，乙同事看到小明，忽然面帶嚴肅的問他：「你最近有沒有覺得哪裡不適？我覺得你的臉色不佳，帶著不健康的紅色，是不是哪裡感覺不對？」

小明說：「沒有啊！我真的沒有覺得哪裡不對勁。」

到了中午，丙同事和小明打個招呼，簡短聊一下後，接著他偷偷附耳跟小明說：「說真的，你有嚴重的口臭，是那種身體有問題的口臭，你是不是最近身體哪裡有問題？」

　　就這樣，經歷過三個人的負面問句，後來連小明自己也覺得自己有點不太對勁，好像腸胃不太舒服，頭也隱隱作痛，越來越覺得不適，後來甚至下午提前請假回去看醫生了。

　　這就是問句的負面影響力，很可怕，但我們其實日常生活中，經常受到別人負面問句的影響，自己也會去影響別人。

第六章 用問句連結更多的人

　　談起影響力，你覺得怎樣的人會影響我們呢？是老闆嗎？如果我們不聽他的話，他就會開除我們，這是權力，但不算是令人心悅臣服的影響力。

　　是明星嗎？我們若看到心儀明星代言的商品，就會想要也買一個。這是偶像魅力，是經過行銷包裝的，若是遇到明星本人，你不一定會認同他的生活方式。

　　什麼是影響力？是日常生活中真的改變我們的人。而我們若是帶給別人影響力，那就是說，我們是帶給別人生活改變的人。

　　經常，改變不需要透過權位、財富或是蠻力，有時候，光是懂得問問題，就會造成影響力。

成功者，懂得問問題

　　在美國，有一個國際知名的主持人，他叫賴瑞金（Larry King），他訪問過許多知名人物，他所主持的節目，很久以

來一直是 CNN 頻道收視率最高的節目，並且還創下金氏世界紀錄，就是說在同一節目，由同一主持人主持，在同一時段播出歷史最久的紀錄。

賴瑞金他不會唱歌跳舞，也不懂什麼神奇特技，但卻能成為帶來收視率高的名人，創造高影響力，他的專長，其實就是問問題。

有一回，一個國際物理權威接到通告上他的節目，在進攝影棚前，這位物理學家好奇的問賴瑞金，他對物理這門學問懂得多少？結果賴瑞金回答，一竅不通，他在學校這門課成績都不及格。

物理學家感到訝異問道：「如果是這樣，你待會兒要怎樣訪問我呢？如果你對物理一竅不通，那我們如何對話？」

賴瑞金充滿自信地跟物理學家說：「請放心，待會兒訪問時，請相信我，若您擔心問話氣氛不對，或任何你覺得採訪過程有不舒服的感覺，都歡迎您隨時退出攝影棚。」

帶著半信半疑，物理學家進了攝影棚，當導演喊開麥拉，經過簡短的寒暄後，賴瑞金開始訪問物理學家，結果，賴瑞金的第一個問題，就讓物理學家眼睛一亮。之後整場訪談中，他都可以盡興地談下去，賴瑞金的問題，讓他可以充分發揮。

原來，賴瑞金問的第一個問題就是：「為什麼學生那麼怕物理呢？」

是的，為何訪問物理大師，就一定要討論複雜的物理公式，或是什麼科學新發現呢？當兩個人溝通時，最終還是要落實到現實面，賴瑞金厲害的地方，就在於他的問題，既能夠牽扯到受訪者的專業，又可以呼應觀眾的心聲。

這個道理也適用在任何成功的人身上。我們往往發現，一個成功的領導人、成功的主持人、成功的講師，他們當然在公眾場合上，能夠講出打動人心的話。但如果只是如此而已，他們充其量不過就是「很會講話」的人，但難道只有很會講話的人才能成功嗎？

其實那些真正很成功、具備強大影響力的人，最強大的力量不是自己的言語說服力，很多時候，是他們的誘導力。

試問，這個世界上誰最能影響自己？我們最聽誰的話？答案就是我們「自己」。所以，成功人士不是靠著不斷強烈灌輸我們的理念，讓我們信服，而經常是透過問句，誘導我們「自己說服自己」。

特別是頂尖的業務人士，別以為他們賣產品的時候，都是單方面在推銷，更多的時候，他們是透過問話，讓客戶自己講話。最終結果，往往是客戶說的比業務說的多，也因為如此，客戶願意心服口服的買單。

善用問句，讓別人來回答，讓自己成為最佳的聽眾，這時候，帶來的影響力反而更大。

　　這裡再講一個例子，是我在 2017 年參加安東尼羅賓走火大會的親身經歷。熱愛心靈成長、曾參與國際勵志講師活動的朋友都知道，走火大會是一個克服自己內心障礙、挑戰自我的體驗，透過跟大師學習，讓我們改變心態，願意勇敢面對以前不敢做的事。

　　然而，再怎樣激勵，畢竟走火的人是自己，大師只能指導我們，可是不能替我們去走火啊！這時候，大師如何誘導我們內心，讓我們可以靠自己的力量，真正成功走過燃燒的木炭呢？大師用的方式也是問句法，透過問句，他引導我們去思考、去發揮潛能，最終，大家都成功地走過燃燒的木炭。

　　我們走過來了，但靠的是自己的力量，而這力量，來自於成功人士，充滿智慧的問句引導技巧。

問一個假設性的問題

　　從下一章起，我們要開始介紹各種實用問句銷售的技巧。在此之前，我們先介紹幾個基本的問句基本祕訣：

　　首先，我們要知道，所有的問句銷售、問句影響力，以及問句如何改變人生，其基本的思維基礎，都是依據我們大腦的運作模式。就是因為人類的大腦會如此思考，所以這些問句才會發揮效用。

　　要善用問句影響力，就要懂得大腦的思維邏輯。比方說，有什麼是我們大腦不能抗拒的呢？基本上，任何的問句都會讓大腦被牽引，但是有兩個字，會讓大腦更無法抗拒，那兩個字就是「假如」。

　　任何人只要被問到「假如」，思緒一定忍不住就會朝那個「假如」設定的方向飛去。這是因為在現實生活中，人類受限於記憶，只能呈現有限的經驗。但是我們的大腦有無限的潛能還沒開發，若是只問一個人曾經做過什麼事，他的回應就只能侷限在他過往的視、聽、嗅、味覺等等。但如果問的是「假如」，那麼他的大腦可以發揮的空間一下子就變大了，可以盡情揮灑，自由闡述。

　　舉個例子，這是發生在美國的真實案例。

　　曾經有個民事法庭，要審理一個老公打老婆的家暴案，那個先生很狡猾，雖然被提告，但是因為缺乏明確的證據，於是就咬住這一點，一直強調他沒有打老婆，他說老婆身上的傷都是她自己弄的。可能也是有受過指點，他在法庭上總是說「沒有」、「不知道」……

　　幾個律師都拿這個人沒辦法，後來有個律師來參與本案，他也開始詢問這個老公：「你有沒有打老婆？」

　　這個老公有點不耐煩的回答：「都問了幾次了，不要一直問，沒有就是沒有。」

律師就説：「不要急，我知道你沒有，我是想問，以你的習慣，假如你會打老婆，那會是什麼情況呢？」

「假如？」

老公一下子反應不過來，也忘記自己的辯護律師交代不要亂講話，他就不禁開始侃侃而談：「假如以我來説的話，我最受不了女人嘮叨的情況了，女人不懂裝懂，這是世間上最令人反感的事了，不事生產又多嘴，簡直欠揍。」

律師又問：「假如有這類情況發生的話，會是什麼時候？」

老公就直覺的回答：「這種事經常發生，但是最近越演越烈，像上個月，我那女人就嘮叨到真的很欠揍。」

就這樣，用「假如」卸去心防，順利問出了老公什麼時候打老婆。

善用「假如」，我們可以問出很多問題，特別是在業務工作上，當客戶總是拒絕我們的提案，也不願意跟我們講太多時，這時候，聰明的業務會適時地用「假如」攻勢：「李太太，我們知道你對這款的洗碗機沒有興趣，也感恩您撥時間聽我介紹。最後，我只想請教一個問題，假如你有機會可以添購洗碗機，你會希望有什麼特色？」

「假如嗎？」

「是的，沒有要你買我們的機器。」

「假如有機會買洗碗機，我真正希望的是要附有方便的置放槽，並且操控介面要更符合人性。顏色則希望是帶一點金屬光澤，有現代感的……」

這時候業務再適時發言：「李太太，感恩你的回饋。如果剛好我們公司有一個型號，正符合你這些需求呢？是否我可以寄產品型錄給您，有機會我們再約時間談？」

就這樣，透過「假如」，又打造了新的行銷機會。

這種假設性的問法，可以突破許多人的心防，畢竟是假設的，也就是脫離現實的拘束。

好比說男生約女孩子出來，女孩子第一次讓對方碰了軟釘子，說她沒興趣。男孩子就說：「我知道你現在還不認識我，所以不方便跟我出去，但假如，我是說假如，有機會有個心儀男生帶你出去，你會喜歡去什麼地方？」

就這樣，兩人開始聊天，男生接著又問：「假如是去吃東西，你喜歡吃什麼呢？」、「假如有機會天使給你一個願望，讓你選對象，你會希望對方具備什麼特質呢？」

透過這些問句，女孩子就不斷的講著「假如」。由於男孩子沒說他一定要約她，所以她卸下心防繼續陳述。講到後來，她一方面把內心話講了出來，一方面發現她和男孩子之間沒什麼距離感了，甚至覺得這男孩子也不錯，後來他們就開始約會了。這就是「假如」的力量。

問話問到心坎裡

前面談到女孩子因為假設性的問題，後來可以侃侃而談，但如果光是這樣，女孩子就會因此對男孩子有好感嗎？

其實，包括前面所提的那個男孩子，還有那個洗碗機銷售員，另外都還掌握到一個人性弱點，同時也是問句銷售法的一個基本關鍵，那就是，每個人都愛「談自己」。

試問，你願意向陌生人介紹自己嗎？一般人都不願意，就連要填個基本資料都抱著懷疑的心態了，更何況要將自己的心事對另一個人坦白呢？

但是矛盾的是，人類的本性其實是很喜歡表達的，不一定透過言語，也可能透過文字或其他形式，總之，大部分時候人們希望自己「被關心」、「被接納」。

我們可以研究夫妻間失和，然後其中一方有外遇的案例。經常我們會發現，有的先生的妻子長得既漂亮，身材又好，家世也不錯，但為何偏偏這個先生去搞外遇？而且那個外遇對象根本就貌不驚人，說身材沒身材，說氣質也看不出來。先生到底哪裡被迷了心竅，背叛自己美麗的老婆，甘心和條件不佳的女子搞外遇呢？

結果答案出爐。那女子或許樣樣條件都不如元配，但是她有一個最大的優點，就是善於傾聽，也善於問問題。當先生長

期以來，心中有話想說，但自己的老婆總忙於交際應酬、忙於逛街購物，沒有空和先生交流時，內心寂寞的先生，碰到一個願意聽自己講話，並且還會適時問問題，表明她「很想知道」先生的種種事情時，這種「被關心」的感覺，往往是讓這位先生外遇的最大誘因。

其實，這也是大部分人的弱點。

我們可以看到許多心靈導師們，他們的學員、門徒們，為何總是無怨無悔地願意追隨，甚至出錢出力，就算跪拜在地也不在乎呢？時常，這些心靈導師們是透過誘導，用問句讓學員們說出心裡話，往往說到最後，學員已經聲淚俱下。到了這個地步，學員已經將自己的內心都敞開來了，當他們陳述內心委屈或種種心聲的同時，也等於是獻上自己。

這個觀念就是「**你願意接納我，所以我就願意效忠於你**」。所以一個善於問問題的人，要如何直搗對方內心呢？就是要善於問出具體的問題，但這問題一開始不要太牽涉隱私。若問太細的問題，會被聯想成警察辦案那種被拷問的感覺，任何人都會不舒服。

但若問太不相干的問題，則會被認為言不及義，若第一次講話時，雙方談話就被認定為言不及義，那麼下回就很難再有溝通交流的機會了。

如何第一次交流就抓住對方的心，讓他願意侃侃而談呢？

這中間有各種的業務技法,後面會陸續介紹,但無論是哪一種方法,有一個不變的核心關鍵,那就是「以對方」為主角。

是的,這世界上一個人不論多麼厲害、多麼能幹,他都必須知道,對任何人來說,他再怎麼厲害,再怎麼有本事,這世界上最重要的人還是每個人「自己本身」。

所以一個自吹自擂,或者站在舞臺上被鎂光燈洗禮的人,或許可以獲得熱烈掌聲,但是當情境來到一對一時,只懂得講自己的人,不會受到歡迎。相反的,懂得讓對方變主角,那麼自己相對也會被喜愛。

這裡再舉一個也是真實案例,在美國,有一個名叫米契爾的人,在一次車禍意外中,不幸在火燒車時慘遭祝融毀掉他全身三分之二的表皮,讓他可以説是面目全非,而且更慘的是,意外事件發生後,他的妻子受不了而離開了他。

遭受重大打擊的他並沒有氣餒,後來創業做生意,有了一番成績。然而悲劇沒有結束,在又一次的意外中,他不幸受到重傷,下半身終身癱瘓,但就算如此,他還是沒有灰心喪志。當他躺在醫院的時候,照顧他的是一位金髮美女護士,當時米契爾就想著:「假如她是我老婆有多好?」

接著使用各種正面能量,他就假想那護士已經是他老婆,每當和護士講話時,總是用正面問句。後來就是因為透過這些問句,護士逐漸卸下心防,她感覺到米契爾不是只想用甜言蜜

語追她的平凡男人，而是願意聽她內心話的人。透過一次又一次的問句，米契爾總是問到讓護士覺得有被關心的感覺，最後她的心終於被打動，後來就嫁給了米契爾，至今，她們仍是一對幸福鴛鴦。

如果一個人尚未學會任何銷售技巧，也不懂任何話術，那麼，最基本的，只要記住一件事，那就是：

每個人最關心的人都是自己，任何真心關心自己的人，都會獲得他的好感。

抓住這點，透過問話交流，就能踏出成功的業務之路。

第三篇 銷售問句基礎篇

問出你的業績來

第七章 業務就是要會問問題

　　大家一定聽過一句話：「每個人都是業務員。」

　　因為在社會生存中，人人都有所求，孩子需要父母照顧，女朋友需要男朋友關心，員工需要老闆提拔⋯⋯，只要我們有所求，那就牽涉到業務範圍。所以從本章開始，我們要分享「問句銷售學」。講的重點雖然是業務，但卻是跟各行各業乃至於各個年齡層都有關聯。

為什麼你一定要會問問題？

　　有一句話：「如果你沒有自己的意見，就只好依照別人的意見走。」或者說：「如果你沒有自己的想法，你就只好依存在別人的想法裡。」

　　雖然說我們處在一個民主的國度，或者一個重視所有聲音的地方，但實際上，這個世界主要的生存模式，其實還是聲音大的人、權力大的人、有想法的人以及敢發表意見的人，影響及領導其他人。

　　人與人之間的互動，不是你影響我就是我影響你，不然就只好各自為政，然後大家永遠做不成任何事情。論起被影響，假定有甲、乙兩個人，針對個別事情，其影響的模式有三種：

一、甲影響乙

　　包括甲指導乙（知識、技能）、甲幫助乙（協助、戀愛）、甲指揮乙（教導、命令）、甲訓練乙（培訓、指揮）。

二、乙影響甲

　　亦即將前面的甲、乙關係對調。

三、交會、摩擦、試探、離開

　　甲最終沒有影響乙，乙也沒有影響甲，但是雙方透過互動的幾秒鐘或更長時間，多多少少帶給對方一些影響，例如學到一些教訓、影響心情、帶來某些啟發，或者耽誤了對方的時間……等等。

　　任何的互動，都是由以上三種模式做基礎，這世界上的所有組織（包含家庭組織）、活動，以及進一步建立起的任何發明、制度、社會、國家，最根本的核心都必然是如此。

　　也因此，這世界上最成功的人，通常是指最有影響力的人，也就是其身為甲的角色，同時影響了乙、丙、丁、戊、己、庚、辛……等等，影響越多人的人，就越是個人物。這樣的人好比說成功企業家如比爾蓋茲、馬雲，科學家如牛頓、愛因斯坦，以及其他在政治、藝術、思想等不同領域的名人。

　　總括來說，這樣的人做到了世界上最難的兩件事，亦即：

　　第一，把自己的思想，放在別人的腦袋裡。

　　第二，把別人的錢財，放在自己的口袋裡。

　　放眼古往今來所有具備影響力的人，沒有例外，都是能把以上這兩件事至少一項做到極致的人。坊間有許多書傳授我們許多的學問，但究其根本，可能都是在講這兩件事。以本書的立場來說，我則要強調，問句正是影響別人的最佳方式。如同我們前面介紹過的，大腦是影響我們日常生活的中樞中心，而問句則可以直接影響大腦，驅使一個人行動。

　　試想一個狀況，如果發生了船難，一群劫後餘生者漂流到了一座荒島上，眼看著天將黑了，大家困在沙灘上又餓又累，但是卻又群龍無首，因為不幸的，所有船員都沒有跟著漂上岸。這時候，誰可以改變現況？

一、有權力地位的人

例如，某某人站出來說：「我是現役的陸軍上校，有豐富野外求生經驗，現在大家聽我說……」於是他立刻成為這群人的中心。

除了高階軍官或者政府官員之外，若有聲稱自己有豐富野外求生經驗的人，也可以站出來說話。

二、會問問題的人

萬一沒有高權力地位的人在場，也沒有具備領導魅力的人在場，這時候場面一片混亂。於是有的人說要往東，有的人說要往西，但是都只有少數人呼應，大家都茫然不知所措。

因為對彼此來說，每個人都是陌生人，人的天性並不會聽陌生人的話，這時候誰可以影響局面呢？就是會問問題的人。假定你就站在沙灘上，你喊著：「請跟我走，我們先往島的東邊去吧！」

誰理你啊？你是誰？為何要聽你的？但如果你站出來，先不行動，而是先問問題：「各位，我們現在漂流到荒島上，但是我覺得大家不要擔心，現在已經是二十一世紀了，地球上沒有一個真正全然荒涼的地方，船難的訊息應該也早已傳遞出去了，所以遲早會有人來救我們。現在各位想想，我們現在最需要的是什麼？」

此時有人回答需要吃東西，有人回答需要可以躺下來的地方，有人回答，需要較溫暖的環境。

「那你們可以走路嗎？有沒有人身體不適，需要人背的？」大家表示都可以走，雖然疲憊，但沒有人身體不適。

「請問大家身上有什麼可以在荒島上使用的東西？例如打火機、乾糧、哨子、小刀、手電筒……」

大家紛紛看著自己身上的東西，一一舉手說自己有什麼。

「我的建議是將隊伍分成兩組，一組往東，一組往西，這裡剛好有兩個手電筒、兩把刀和兩個哨子。我們一起出發，目標是找到可以住的洞穴，或者適合搭營火的地方。範圍就在走路半小時內，再遠就不要深入。哪一組先發現優良的場地，或者發生危險時，就大聲吹哨子，另一組人就過來會合。這樣好嗎？」

大家都點頭說沒問題，於是就這樣分頭進行。

請注意，以上每個問題，若是用直述句，可能沒人願意理你，場面依舊亂哄哄。然而一旦用問句，那就代表著你讓「他們自己」回答問題。

記得前面說過的，每個人最喜歡的就是他自己，這些問句其實都是你在主導，但是用問句的形式，卻讓大家覺得是「自己做決定」的，所以，懂得使用問句的人，就能成為大家的領導核心。

問出真正的需求

　　我們每天都在發揮影響力，用問句影響另一個人，通常我們影響的都是身邊周遭認識的人，彼此的關係可能是父子、師生、夫妻、同學……等等。但若以業務的角度來看，身為業務的人，每天要面對的都是陌生人。

　　這些陌生人，一來他不認識你，所以跟你沒有共同的經驗。也就是說，你可以和自己的學生或自己配偶順利溝通的那一套，在這裡可能派不上用場。二來，他一開始就跟你有敵意，這裡的敵意不是他恨你、討厭你，而是基於人類的天性，人們原本就會對陌生人有所防範，更何況一般人對於業務員都有刻板印象，所以很自然地在面對一個業務員時，會心生戒備。

　　所以以業務銷售來說，除非對方主動找你，例如實體店面的銷售，顧客上門來就已經是想要來買東西，否則以一般陌生開發型的業務銷售來說，在溝通上，先天就具備著一定的難度。這也就是為何許多人都視擔任業務為畏途，因為那就代表著被拒絕、被否定，是一種會帶給人內心痛苦的職業。

　　身為一個業務，該如何突破陌生人的心防呢？

　　前面的船難案例，正好給我們一個提示，當大家都是陌生人時，要怎樣發揮影響力呢？為了讓問題單純一點，我們先從

最簡單的業務銷售講起，也就是假定是定點式銷售，顧客自己找上門的那一種。即使是這樣，對業務來說對方仍是陌生人，此時該怎樣打動客戶的心呢？答案當然還是要會問問題。

所謂問問題，顧名思義就是問「問題」，這三個字都已經這麼明確了，但是許多業務卻沒有抓到這句話的深意。請看以下的例子：

有個客戶到家具賣場，想買放在新家的櫥櫃。第一個招呼他的是 A 業務，他問這個客戶想要買怎樣的家具？客戶就說他想買帶有復古感的木紋家具，再問他喜歡哪一種樣式？客戶想了一想說，大概就是上面有兩個隔層、底下有雙扇門可以置物的木櫃。

於是 A 業務員興高采烈地開始帶領客戶，專業地介紹公司最新的文創復古系列，他口沫橫飛地說著：「先生，你太厲害了，剛好可以抓住潮流，現在流行的正就是復古風，我們和設計學院合作，開發了這許多款的木質家具，外表復古，但實際上，內裡的設備都是最新的。」

在這個案例裡，客戶都已經說出他的需求了，業務 A 也能嫻熟地介紹相關產品，應該百分百成交了吧！結果不然，客戶雖然聽著業務 A 眉飛色舞的講解，但自始至終自己卻眉頭不展。

這時業務 A 的主管看出了「問題」所在，於是他便出

面跟業務 A 說：「沒關係，這裡由我來處理就好，你先下去吧！」

於是改由主管接手。主管先是和客戶聊天，了解客戶的家庭背景，接著他問了客戶一個很重要的問題，這也是業務 A 從頭到尾都沒問過的。主管問客戶：「你『為什麼』會想要買復古感的家具？」

當話語權轉到客戶後，客戶終於侃侃而談，原來這個客戶出身單親家庭，由媽媽含辛茹苦一手養大。如今他本身創業有了成就，也買了房子，準備要接鄉下的媽媽一起來住。為了讓媽媽有親近感，所以想買個復古的櫥櫃。講到深情處，客戶不禁哭了出來，主管也陪著他一起掉淚。

講到這裡主管就知道，客戶要的不是什麼文創復古，對什麼外表復古、內裡新潮也沒有興趣，他要的是「讓媽媽有熟悉感覺」的櫥櫃。就這樣，主管成交了這個客戶。

從這個案例中，我們可以清楚的看到一件事，許多人都會講銷售，但是銷售的核心焦點是什麼？

初階的業務想到的焦點是如何把產品介紹好（滿足自己的業績），中階的業務想到的焦點是如何找到客戶的需求（滿足客戶的需求），高階的業務想到的焦點也是客戶的需求，不過他更知道，找需求雖然重要，但是找問題點更重要（滿足客戶「真正」的需求）。

這也正是問問題的關鍵。

當我們與客戶見面時，要知道一件事，在客戶的眼中，業務是個陌生人，所以對陌生人講話一定是有所保留的。因此，我們表面上看到的，不一定是我們內心真正以為的。客戶時常會呈現出「假需求」，或者有需求但是不表現出來，甚至有一種可能，客戶自己也不是很清楚自己的需求。例如買 3C 產品時，很多客戶並不能清楚說出自己的需求。

這個時候，如果只是依照表面的狀況，業務是無法做到業績的。所以問對問題非常的重要，問題影響大腦，問題也能導引客戶和你真正對接，找出他的「真正」需求。

需求以及問句的關係

問句為何重要？因為很多事都要用問出來的。

這讓我們聯想起保守的四、五〇年代，那時候社會風氣使然，女孩子非常的矜持，心裡想要什麼，不一定會直接說出來，更別說喜歡一個人敢主動表達了。往往男孩子要了解一個女孩，只能靠不斷的問問題，諸如：

「你願意跟我出去散步嗎？」不過這個問題太直接了，女孩子很害羞，紅著臉不敢回答。

「所以你不願意喔？」男孩子很失望，甚至準備離開，女

孩子擔心男孩子真的離開，趕快搖搖頭。

搖搖頭是表示什麼意思呢？是不要去散步，還是說「不是不願意」？這時候男孩子忽然有些開竅了，他改問女孩子：「你覺得這個時候海邊漂亮嗎？」

女孩子點點頭。

「你覺得這個時間點，去海邊散步會不會太熱？」

女孩子搖搖頭。

「如果去海邊散步跟去爬山，你喜歡哪一個？」

女孩子不點頭也不搖頭。

「好吧！那去爬山好嗎？」

女孩子搖搖頭。

「那麼就是海邊囉？」

這時候女孩子才輕輕的點了點頭，但已經羞紅了臉。

這似乎是古早年代純純的愛情，然而有些事不分從前現代，基本原理都一樣。在現代，當業務要銷售一個產品給客戶時，一樣有可能會經歷「客戶想要，卻不明說」的情境。

當然，基本的銷售守則沒變，銷售的前提依然是要有「需求」（不管是原本的需求，還是創造出來的需求）。然而，需求藏在客戶的腦海裡，要用「問」的，才能直抵核心。

我們會需要問句式的說話方式，是因為正常人不會輕易把自己的問題說出來，這其中有可能牽涉到個人隱私，或者覺

得家醜不能外揚，但是問題不會呈現出來，只有需求可能會呈現出來。

有人想搬家，需求是找房子，問題的根源是原本住的環境太吵。有人想買水，需求是找水，問題的根源是他想吃藥，所以要買水。女孩想逛街，看起來的需求是買東西，實際上是想要你陪她走路，問題的根源在她需要你陪。

能找到問題的根源的人，就會是有影響力的人。好比說，一個成功的銷售員，為何可以賣梳子給和尚？因為他抓得住問題點，這銷售員絕不會跟和尚勸說，這把梳子的功能有多好，可以把頭髮梳得多柔順。而是告訴和尚，這把梳子很有特色，如果結合貴寺廟的風景浮雕，一定可以變成很暢銷的紀念品。因為銷售員知道，和尚的問題關鍵，在於他想為寺廟增加收入。

講師在臺上培訓時，儘管口沫橫飛地講解了種種的理論，但是眼看臺下學員各個昏昏欲睡，課堂上鴉雀無聲，場面安靜極了。許多講師為了挽救這種局面，想到的方法就是講笑話（滿足學員愛聽笑話的需求），或者點名要人站起來講話（強迫臺下聽課），但是如果今天講師一開始講課就說：「你們知道嗎？兩個月前我培訓一個班級，他們聽了很有感覺，兩個月後的現在，該班級裡已經有三分之一的人，由原本的平凡人後來變成了富翁。你們想知道方法嗎？」

　　當這樣講的時候，這堂課至少有大半的人就會比較專心，想聽聽要怎樣變成富翁？

　　到底一個人的大腦思考理路是什麼呢？為何「問題」先於「需求」？那是因為每個人面對事情的反應，基本上如下：

不滿→困擾→問題→痛苦→想要→需求

　　任何人一開始一定先有不滿意的狀況，才會逐步衍生出需求。好比說，今天你騎著一輛老舊機車，排氣管似乎有點問題，會不斷發出噪音，這件事一開始讓你感到不滿，但是每次騎車都這樣子，那就變成困擾了。

　　當這樣的事情每天都困擾著你時，就變成問題了，而且不只你騎車不快樂，甚至這聲音已經影響到了其他人。每次在路上騎車，大家都看著你，最後連警察都來開單了，說你製造噪音，這樣你就很痛苦了。為此，你想要換車，到了這時，你會衍生出換車的需求，這個需求就是要找一輛沒有噪音的機車。

　　如果一個人和你講話，內容可以觸動到你的「痛點」，那就可以說動你掏錢包，或者讓你願意聽對方的話。

　　要怎麼樣找到客戶真正的痛點，並且引導出需求呢？下一章我們來做實務上的應用。

第八章 INCOME 問句溝通法

　　有人訪問日本松下電器創辦人松下幸之助，問他為何電器用品能夠銷售那麼好？松下幸之助回答：「我其實不是在賣電器，而是在做培訓，我培訓的，就是別人的腦袋。包括培訓客戶的腦袋，也包括培訓員工的腦袋。」

　　這就是問題的關鍵，**任何的銷售或培訓，就是要改變對方的腦袋。**

　　然而，不論是業務面對客戶，或者員工面對老闆，甚至丈夫面對妻子，有什麼是基礎的互動必勝模式呢？「INCOME 問句溝通法」就是個可以應用在任何場域的對話模式。

從 Inquiry 到 Expect

　　如果說，世界上最困難但也最重要的事之一，就是把自己的想法放在別人的腦袋裡，那麼有沒有一個通用的方法，可以「一定」改變對方的腦袋呢？

　　其實，當我們問問題時，「一定」會影響對方的腦袋。

但如果説，有沒有一體適用的問話法，答案是沒有，因為人腦是世界上最複雜的有機體，絕對無法像考試般找到「標準答案」。就好像有比較不會講話的男孩想追女孩，想到去書店買一本《追女大全》或《情書大全》，以為把書裡的「金句」照背下來念給女孩聽，就可以打動對方的芳心，如果事情有這麼簡單就好了。

　　別的不説，先以先生對老婆講話，今天可能就跟昨天的應對方式不一樣了，因為昨天老婆心情好，可以輕鬆溝通，可是今天老婆跟鄰居吵架，心裡不太高興，擺臭臉了，老公昨天的那一套今天就行不通了。

　　雖然沒有問句的「標準答案」，但的確有讓溝通更順利進行的「最佳模式」。在介紹這個模式前，要和讀者確認一個溝通的前提，那就是每一次的溝通，都要帶來一個「結果」。這個結果可能是業務層面，也可能家庭需求層面，不論如何，都是希望溝通前和溝通後，雙方關係有了「改變」。

　　在這樣的前提下，就可以善用問句的方式，帶來這種改

變。舉例來說:

- 我們需要說服客戶,讓他決定要下訂單,增加我們的工作業績。
- 我們需要說服老闆,讓他覺得我們的表現很好,願意幫我們加薪。
- 我們需要說服學員,讓他認同我們的理念,達到學習的效果。
- 我們需要說服女友,讓她願意與我攜手,共組美好的家庭。

每次的說服,結果就會帶來一種改變,要是沒有改變,就代表說服失敗,關係不夠好。改變無時無刻都在發生,不改變,我們就會變得原地踏步、孤立無援,可能沒有錢可以過生計,可能孤單沒人陪伴。

基本上,我們每個人都必須透過與人對話,來做出「對自己有利的改變」。所有的對話,最終要帶透過對方帶給自己的結果,總括來說有兩件事:

1. 對方要先喜歡你。

2. 對方可以順應你的導引,到達你要的結果。

在此前提下,我們開始導入 INCOME 問句溝通法,如下圖:

詢問（INquiry）

搜尋（Call）

想要的結果
（Expect）

回饋（Offer）

導引（Manage）

　　在這張圖中，我們看到五個基本的橢圓，每個橢圓有個相應的內容，將這些內容的最前面字母結合起來，就變成了「INCOME」，所以叫做「INCOME 問句溝通法」。

　　所謂 INCOME，如同字面上來看是收入，對業務員來說，就是業績；對培訓來說，就是培訓績效；對任何有需求的人來說，這個 INCOME 就代表回報。

　　而將 INCOME 字母拆解，套用在公式裡，正好就是與人交流溝通要達到成果的五大步驟流程。

- INquiry（提出詢問，洽詢）
- Call（搜尋，回答）
- Offer（回饋，對應）
- Manage（管理，導引）
- Expect（期望值）

這五個步驟，可以依照順序來，也可以分階段，最終都要對應到期望值。舉例來說，當我們提出詢問（想買這個麵包嗎？想跟我交朋友嗎？）對方話都不用說，就直接同意了，這就是直接由 Inquiry 跳到 Expect。

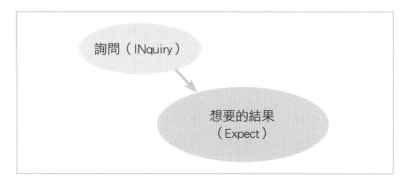

這種情形，通常發生在之前就已經溝通過很多次，或熟人互動身上。例如交往很久的男女朋友，男方辦個驚喜求婚派對，女方哭著當場點頭，然後雙方步入禮堂。

如果一項溝通是由一方提出 Inquiry，另一方立刻照辦，這其實已經不算溝通，而比較像是下命令。例如老闆命令屬下做事，或是爸媽叫孩子乖乖寫功課，反正就是其中一方說，另一方照做就對了。

當然，這種情況是不太可能發生在業務銷售上的，所以一定會要發展到下一步。當我們提出詢問，對方提出回答，然後直接進入成交。

　　基本上，這樣的互動和前面說的第一階段差不多，差別只是對方有沒有回應。就好比老闆命令屬下，屬下說聲：「是，老闆！」或者爸媽叫孩子乖乖寫功課，孩子說：「知道了，我再看五分鐘電視就回房間寫功課。」

　　這中間可能有簡單的回應，甚至可能也有些不同的提議，但原則上，大方向就是朝詢問者想要的結果發展。

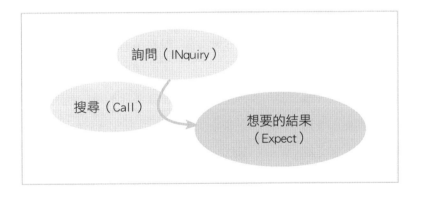

詢問（INquiry）

搜尋（Call）

想要的結果（Expect）

　　到此，都仍只是簡單基本模式，正常的交流一般來說都會來到第三階段。也就是說，當我們問對方一個問題，對方做了回應後，我們針對對方的回應作回應。這時候，通常會形成一個迴路。

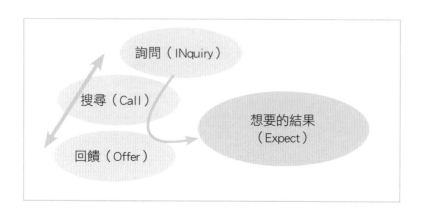

也就是當我們問對方一個問題，對方做搜尋（在腦海裡搜尋，找到答案），針對對方的答案，我們做出回饋，然後再繼續衍生出下一個問題，對方繼續搜尋，然後我們再回饋。

這樣的流程可能交替好幾次，甚至可能交流一、兩個小時，最後進入導引階段，就會進入導引模式，導引到想要的結果，包含成交業務、培訓達到學習目的，或者女孩同意和男孩去約會。

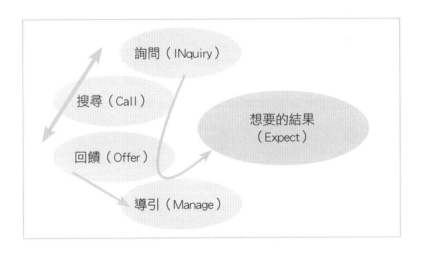

如何進行 INCOME 對話模式？

INCOME 對話模式，是一種透過問句導引的對話模式。

其理論基礎就是前面說過的，大腦導引我們的決策。任何的銷售、說服或試圖影響對方的行為，最終都是要透過對方的大腦，當對方因為你的問題，開始與你建立互動，並進而認同你、喜歡你的時候，接著就可以順勢導引到想要的結果。

以下分別說明：

» 提問（Inquiry）

首先，提問（Inquiry）和搜尋（Call），兩件事一定是對應的。如果一方提問，另一方不回應，那只有三種可能性。

第一種，對方不知道你在問他，例如他正在想事情，沒專心聽你說話；第二種，對方刻意不回應，這種情況就很不禮貌，甚至已經與你結仇了；第三種，不必說話，也就是所謂的「此時無聲勝有聲」。

當然，以上都只是特殊狀況，在正常情況下，一方提問，另一方的腦袋一定會順著你的問題轉。你問對方最喜歡什麼哪個城市？他的腦海就會開始轉著，想想自己喜歡哪個城市？你問對方今天中午吃什麼？他就會去回想中午吃了寫什麼？這是人類腦海的正常反應，一聽到問題，就會進入「搜尋模式」。

這裡請注意一個重點：這個搜尋模式，是依照你的問題來設定的，所以當問錯問題時，就會得到錯誤的回答。或者問問題的方式錯誤，最終，你就無法得到你想要的結果。

因此我們與人對話不應該隨便，除非你要讓自己成為一個隨便的人，否則，當我們每問一個問題，就該有一個具體的目的，而不是沒話找話講。一個正確的問句，可以帶來的效果：

1. 可以影響自己

問自己正確的問題，可以提振自己正面的思考。好比應該問自己怎樣才能成功，而不是問自己為何那麼失敗？

2. 好的問句，可以收人才、收錢，收人心

這其實也是 INCOME 問句溝通法要達到的主要目標。

3. 可以誘導別人往你想要的方向走

適用在各種領域，例如要女孩陪你約會、要孩子乖乖聽話做功課……都包括在內。

4. 獲得更多你想要的資訊

透過對話，才能增加情報。

5. 讓自己被人喜歡

這裡要特別說明的，每個人其實都希望別人關心自己。當一方專注地和另一方問話，而另一方也逐步敞開心房把內心話說出來的同時，他也會對問話方產生好感。

6. 訓練別人，教育別人

這也是 INCOME 問句溝通法最重要的目的之一。

» 搜尋（Call）

當我們提出一個問題，就是希望對方的腦袋朝我們設定的問題想，所以當我們問錯問題時，對方的搜尋模式，就會因此朝向我們不要的方向去。

一個人會有什麼回應，雖然我們不能預知對方的答案，但是必須知道對方答案的「方向」，如果問的方式錯誤，那麼對

方的回答就必然是不好的，這是可以預期的。

以下幾種問話方式，註定會導致不好的回應：

1. 負面的問句

也就是將焦點朝向事物黑暗面的地方，同樣的話，可以用正面來切入，若你偏偏要用負面來切入，就容易帶來不好的結果。例如對方穿了一件新衣服，你問：「這件衣服好漂亮，在哪買的？」雙方就會進入良好的互動；但是如果你問：「這件衣服穿起來不搭，你為何會選這件衣服？」那簡直就是要找對方吵架了。

2. 導引到錯誤方向的問句

例如在談論美食，卻問到吃美食要擔心什麼？或者有錢很好，但是否要擔心什麼危機，例如被綁架等等的？

這些都是錯誤的問法。有人以為刻意凸顯負面就可以達到推銷目的，例如要銷售保健商品，然後就提醒對方吃的東西對身體有害，可能會導致腸胃問題，可以買這保健品。但是這樣的對話邏輯必須在談話後期，也就是當雙方交流已經從找問題進入到實際上他很關心如何解決問題時，才能派上用場，這點在後面的業務實戰技巧裡也會談到。

» 回饋（Offer）

　　談話必定是一來一往的，當我們問話時，特別是和陌生人（例如業務銷售商品給陌生客戶），如果想讓談話繼續下去，那麼第三步驟非常重要。事實上，一個交流成功與否的關鍵，就在第三步。

　　最糟的情況是，你問對方一個問題，對方也回答了，但是你卻繼續問其他問題，彷彿他回答他的，你講你的，這樣的互動絕對無法成功。基本上，作為問話方，當對方回答時，有兩個基本步驟。

　　第一步，要肯定對方。

　　這一步很重要，如果沒做好，將會毀掉全部的談話。例如和對方聊天，問對方有什麼興趣？對方說喜歡閱讀，此時你要回應「這是很好的習慣」，或者複述一次對方的話「你喜歡閱讀喔」。這個步驟會讓對方知道你有聽他講話，當他講的話被你認可時，雙方距離就會拉近了。

　　第二步，再依照談話的節奏，導入兩種模式：

模式 A：重新進入詢問（Inquiry）

　　例如：你喜歡閱讀啊！那是很棒的習慣呢！你都讀哪一類的書啊？

模式 B：進入 Manage（導引）

例如：

甲方：「你喜歡讀哪一類的書啊？」

客戶：「我喜歡讀傳記類的書。」

甲方：「我也是耶！我們都有共同的興趣，我喜歡讀郭台銘還有企業家的傳記。那你呢？」

客戶：「我也是，我還喜歡讀國外名人的企業創辦故事。」

甲方：「為什麼喜歡這類的書呢？」

客戶：「因為我這個人喜歡學習。」

甲方：「太好了！我也喜歡學習。如果有一堂課可以免費體驗，你願意去聽嗎？」

就這樣，客戶因此願意去聽行銷說明會，進而最終締結成交。

但是要如何做好回饋呢？如果回饋不恰當，就可能讓談話無法順利進行下去。有一個推薦的作法，叫做「鸚鵡學舌法」，這是基於心理學上的一個理論「LIKE 心理學」。LIKE 有兩種意思，一個是「喜歡」，一個是「相似」，可以說，我們每個人都會喜歡和自己相似的，所謂「物以類聚」就是這個原因。當我們看到同鄉、同姓或同好，會覺得倍感親切，卸下

防備感,也都是基於這樣的原因。

　　所以當我們與對方交談時,除了基本的言語,包括簡單重複對方的話,以及言語肯定對方的話(如:太棒了、你真的很不錯、我認同你……),還有一種就是肢體上的同步,對方做什麼,你也跟著做,這就是「鸚鵡學舌法」。

　　不過這樣做的前提是要做得恰到好處,否則容易變成惡意模仿,其基本原則如下:

1. 要晚對方三、四秒

　　例如對方講話摸摸頭髮,你不能馬上跟著做,但可以稍晚一點做類似的動作。

2. 不能百分百學,而是要抓住類似的型

　　好比對方抓抓頭髮,你稍候也跟著摸摸額頭附近;對方理理衣裳,你一會兒也不經意的拉拉領帶。

3. 不能學缺點

　　例如對方挖鼻孔時,你當然不用跟著挖,否則容易引起反效果。

　　鸚鵡學舌法的好處就是在不經意間,製造一種雙方「很像」的印象。在過程中,對方可能沒特別注意到你在做什麼,

但是在潛意識裡，他卻累積了彼此的相似印象。乃至於往往談話到後來，他莫名其妙覺得跟你特別投緣，對你特別有好感，這也是一種催眠的效果。適當地用在談話回饋場合中，可以讓雙方談話有好的發展。

» 導引（Manage）

這些談話最終的目的，還是要導引至我們要的結果，諸如締結成交，或讓對方同意我們的想法……等等。當然有人會問，難道談話一定要那麼利益導向嗎？

這裡也必須特別說明，所謂 INCOME 問句溝通法，都是有特定目的，例如業務員做銷售，或是培訓團隊要達到成果。如果只是一般朋友聊天，當然不必使用這個方法。

畢竟在我們的生活中，很多時候必須利益導向，包含每個人的工作，業務員要有業績、老闆要能管理好員工……等，這些都需要好的談話方式。

最後，以 INCOME 問句溝通法，最終要來到導引，也就是所有問話，第一，帶給雙方親切感，拉近距離；第二，讓彼此更了解對方，包括我們了解對方的需求，對方也逐步了解我們有什麼服務。在以上兩個前提下，就一定要做到導引這一步。

導引有三個特點：

1. 開始要使用封閉式問句

舉例來說：

* 那麼邀請你這週來參加我們的活動好嗎？
* 您覺得比較喜歡藍色的還是紅色的款式？
* 你要刷卡還是付現？

2. 要和前面問句一脈相承

好比最終要介紹美妝保養品，前面的對話就要跟對方的愛美習慣、保養方法、喜歡的保養品種類⋯⋯有關。

如果想要和女孩子約會，前面的問話就可以是：「你假日喜歡做什麼？」如果她說喜歡郊遊，你就問她喜歡去哪一類的地方郊遊？如果她說喜歡登山健行的話，最終就導引出這個目標問句：「那麼下週日我們一起去健行好嗎？」

3. 要預留緩衝餘地

最好的情況，當然是前面步驟都很順利，一問一答，最終導引到你要的結果。但是如果無法立刻將對方牽引到想要的結果，也要懂得設置「緩衝閥」，也就是讓自己有退路。例如：

你：「我們下週有一個説明會，邀你一起來參加好嗎？」

對方：「對不起，我對參加銷售説明會沒興趣。」

這時你就可以説：「您誤會了，不是一定要對您做銷售，

那麼這樣好嗎？可以給我您的信箱，我免費提供一些相關資訊給您好嗎？絕對不會打擾您的。」

　　有時候，我們談話仍不會掌握節奏，以為已經和對方聊得很愉快，想趕快切入正題。但其實依照每個人的個性不同、對話方式不同，有的人個性比較保守，一下子切入正題，對方反而會有所警覺。倒不如雙方可以保持好印象，當天先不導引到目標，而是預留下次見面的時間。

　　當然，這是針對銷售的狀況，如果是培訓課程，那就代表著雖然有著前面的鋪陳，學員仍無法了解老師上課的深意，那就只有多重複幾遍 Inquiry 到 Offer 的進程，終究可以導引至正確的結果。

第九章 問句的基本形式

　　同樣是問問題，有些人問了，就可以讓人感到內心被觸及了，好想跟對方暢所欲言；有些人問了，卻讓對方很想立刻轉身就走。

　　問句，看起來不過就是「問問題」，但是問什麼問題？用什麼方式問？問問題的語調、場合，乃至於被問問題的那個對象是處在什麼情境下，這些都會影響問句的結果。

　　接下來先來介紹問句的最基本形式。

封閉式問句是必勝還是必死？

　　談起問句，就要先認識兩種基本的問句類型。

　　基本上，任何時刻我們與人溝通，只要是問句，一定就是這兩種之一，一種是封閉式問句，另一種是開放式問句。

　　什麼叫封閉式問句？我們可以用考試答題來做比喻，基本上，是非題就是一個典型的封閉問句。當考卷請我們作答時，是或否，我們就只能二選一，若我們不是這樣回答，而是在考

卷上寫「意見」，校長就要約談你了，看看你是否有什麼反人格傾向。

　　套用在溝通上也是如此，當我們的問題是：「要不要？」、「對不對？」、「可不可以？」、「行不行？」這就是封閉式問句。

　　另一種也是常見的封閉式問句，則比較像是選擇題，只不過選項只有兩個。例如：「你要這件還是那件？」、「你要刷卡還是付現？」、「你要現在立刻穿，還是包起來帶走？」所謂問句影響大腦，當一方這樣問時，另一方的大腦就會朝著問句的方向走，明明可以有千百種答案，但因為問題限定對方只能二選一，於是對方就會被導引到二選一的回答。

　　什麼情況下常見到封閉式問句呢？法院上常見到。

　　當律師詢問被告：「你 3 月 1 號那天有沒有喝酒？」

　　被告說：「有，但是……」

　　這時律師立刻說：「你只要說有或沒有就好。」

　　此時被告急得滿頭大汗，但是在法庭上，也只能回說：「有，我那天有喝酒。」

　　這種問句時常會被以斷章取義的方式提出。如：「部長，你昨天是否有說年輕人薪資 22K 很正常？」部長想要解釋，他是有說過這句話沒錯，但是在說這句話時是有前提的，那是因為在座談會現場，有人問，如果學生什麼經驗都沒有，進一

家公司什麼都不會做，還需要花半年培訓，那樣的話剛開始領 22K 是正常的。然而媒體才不管這些，既然問題已經被設定是「封閉式問句」，那麼對不起，第二天報紙的標題，就會是「部長説年輕人薪資 22 K 很正常」，這就是封閉式問句可怕的地方。

但若是將「封閉式問句」善用在業務的場域上，卻是可以在關鍵時刻發揮「推一把」功能的必勝問句。好比説，當客戶還在猶豫不決時，適時地問對方「要刷卡還是付現」？特別是客戶已經內心動搖了，只是還不知道該怎樣下最後決定時，業務透過「問句影響大腦」的心理學，立刻就可以讓客戶走向收銀機前，掏出錢包買單。

但是請記住，封閉式問句是用在「推一把」的情況下，也就是前面業務已經做足了銷售功，最終已讓客戶心動了。若是沒有這個前提，輕易就用「封閉式問句」，那麼對不起，原本被視為必勝的成交問法，反倒變成「必死無疑的問法」。

業務：「要不要買？」

客戶：「不要。」

業務：「可不可以加入？」

客戶：「不想加入。」

業務：「能不能認同？」

客戶：「不能。」

好啦！一句話被否決了，這時要再用其他話術將局勢挽回已經難上加難了，客戶都已經說死了，要再銷售，那就有點強迫推銷的意味了。只能恨自己，太快使出「封閉式銷售」了。

打造出務必成交的開放式問句正向循環

談過了封閉式問句後，開放式問句就簡單了，反正若不是封閉式問句，就是開放式問句。以考試來比喻的話，開放式問句就是問答題。

基本上，所有正式場合的業務交流，一定是先從開放式問句開始，畢竟我們不可能一看到陌生人就立刻上前問：「你要不要買？」當然，路邊或市場銷售另當別論，像是走在路上就有人上前問你要不要買愛心筆那樣。這裡指的是正式場合，基本上，會要問的第一個問題，一定和銷售沒有直接關係。

下一章我們會介紹如何透過問問題拉近關係，或者建立銷售認同感，這裡我們先來介紹開放式問句的形式。

如同前面說過，每個人最重視的人就是自己，任何人的話再怎麼重要，都比不上自己講話來得重要。一個好的開放式問句，最開頭就是要觸發每個人的「被重視感」。例如：

「先生，你對良好居住環境的看法是什麼？」

「小姐，你這個項鍊戴在身上好美，是在哪裡買的？」

　　跟陌生人講話第一件事就是要「留住」對方，因此，要問開放式問句，原因就是開放式問句「要花較久時間」來回答。

　　開放式問句的範圍很廣，所以只能說是一種問句形式，談不上對或錯。如何善用開放式問句？我們可以搭配上一節提到的「INCOME 問句銷售法」來說明。

　　當兩個人甲與乙見面了，後續有兩種可能，一種是擦肩而過，另一種就是留下來談話，基本上，談話的時間越久，甲與乙的關係就會越好。例如，甲問乙要不要進來店裡看看？乙搖搖頭說不要，從此甲與乙天涯海角不再相逢。那麼，如何可以讓談話的時間延長呢？

　　應用 INCOME 問句溝通法，第一件事就是 Inquiry，除非是路上隨意攔截一個人，硬是要和他搭訕，那麼對方有很大的可能會反感離開，否則在正常的情況下，當一方問問題時，另一方的腦袋裡就會開始想答案。這裡我們假定是在正式場合，也就是不是在路上攔人，而是一個比較正式的賣場，例如百貨公司。

　　當乙站在專櫃前面，看著眼前琳瑯滿目的首飾，身為專櫃小姐的甲準備上前講話時，第一句話很重要。

- 　「小姐，這個首飾很漂亮，你要不要拿起來看看？」

　　這是標準的錯誤示範，第一句話就是封閉式問句，必死無疑，客戶逃也似的離開。

- 「小姐,你平常都使用哪種品牌的首飾呢?如果有機會去五星級飯店,你都戴哪一類的首飾呢?」

  除非對方的確很想買,否則這種問法也是錯誤問法,那位小姐心裡會想:「你誰啊?幹嘛問我的私事?」結果也是轉身就走。

- 「小姐,我冒昧猜測,你是企業家是嗎?因為氣質出眾,穿著品味不凡,我很想知道你平常都怎樣選購衣服的,怎麼那麼有品味?」

  這種問法成功機率一半一半,畢竟問的問題還是比較有關私領域,很多人不喜歡和陌生人聊這個。但是用稱讚開頭,的確是很不錯的方法。

- 「小姐,你的運氣很好,你知道今天我們公司有特惠活動嗎?我覺得你看起來是很有福氣的人,冒昧請教,您今天是為什麼來我們店裡?」

  成功機率大增,既稱讚對方又不會太問到對方的私事。當對方開始和專櫃小姐攀談後,這時候再導入一些進階稱讚,例如:「我覺得你衣服品味很好,平常都怎樣選購衣服的?」這樣就比較可以成功。

　　所謂銷售沒有標準答案，但是要抓住基本原理，開放式問句有兩個基本目的：**拉近關係、獲取情報**。

　　一個優秀的業務員，一定是一邊問話一邊拉近彼此關係，同時間也持續收集情報，進而將情報融入問話裡，創造更好的關係。套用 INCOME 問句溝通法，這就是不斷地加強從 Inquiry 到 Offer 的模式，一次、兩次、三次……，形成一個正向的循環。

　　第一次，建立基本關係，建立基本情報；第二次，拉近距離，讓對方更暢所欲言；第三次，雙方好像已經聊開了，對方也願意透露更多需求情報；第四次，針對需求再繼續問問題，如此反覆，直到締結成交為止。

　　也就是前面提過的標準 INCOME 成交模式：

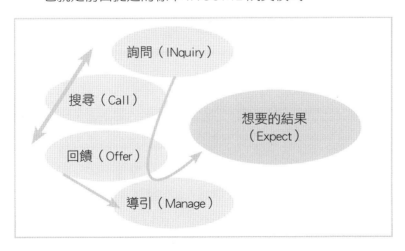

你的問句要怎麼收尾？

　　若是問起成交，其實並沒有一定的成交公式。以上圖為例，到底要問幾輪才能形成正面循環呢？其實答案因人而異，有些人你可能和她聊個幾句就很投緣，她立刻說：「好吧！我喜歡這個首飾，請幫我包起來，等會兒記得要幫我打統編。」

　　但也可能前面對話都談得好好的，忽然不知道講到第幾輪時，客戶感覺氣氛不對，然後舉起手看看錶說：「我現在有事要走了，下次有機會再來看吧！」

　　而你我都知道，那個所謂的「下次」，永遠都不會出現。

　　沒有必勝的成交公式，但是卻有必敗的業務流程。這也是經常發生的狀況，事實上，這種事太常發生了，已經被列為業務未能做到業績的首要「致命傷」。那就是只懂問開放式問句，卻不懂得問封閉式問句。講一句白話的，那就是「只顧著講，卻不懂得締結成交」。

　　多數業務為何無法締結成交呢？主要還是心理問題，最常見的情況就是「不好意思」做最終的締結，總是希望客戶自己明白，我們都已經聊那麼久了，你就趕快掏出信用卡結帳吧！

　　可惜那是業務的內心聲音，客戶卻裝作不知道，就好像前面提過的四、五〇年代男女關係，這回業務扮演起那個害羞的女孩了，可惜這樣的害羞只會讓自己沒有業績，甚至失業。

一個只懂開放式問句卻不敢用封閉式問句收尾的業務，充其量只是個產品解說員。

要知道，開放式問句若是拖太久，有一個致命的缺點，那就是「言多必失」，不論是業務自顧自地劈哩啪啦一直聊，或者業務不斷問問題，讓客戶暢所欲言，最終若是淪為聊天，談話的內容就有可能會越談越不投機，畢竟你們本來並不是朋友，是靠著業務想賣東西的心，硬是拉扯在一起的。

再者，時間就是金錢，假設一天工作八個小時，結果光是一個客戶就聊一小時，並且最後沒有成交，那麼一整天又能「聊」幾個客戶呢？

會問問題建立關係很重要，懂得問問題，簽下訂單更重要。所以，雙方聊個十五分鐘相談甚歡，那很好，請適時地問這個問題：「小姐，既然我們的產品符合你的需求，你剛剛也覺得這首飾不錯，那麼，請問你要刷卡還是付現？」

最終要看到訂單，前面的辛苦才有意義。不管開放式問句、封閉式問句，能拿到訂單的，就是好問句。

第四篇 銷售問句中級篇

問出一個好問題

第十章 問出好的結果來

　　問句，其實我們每天都在使用，表達的情況有多元，包括想知道事情的答案，對朋友表達關心，或者想知道更多內情，乃至於只是禮貌性的客套話。

　　就算是同樣的問句，若是問者的心態不同，被問的人感受也會跟著不同。

　　有時候，徒弟跟著師父學，明明看到師父用了某個問句，後來獲得了訂單，怎麼換成徒弟就失靈了呢？本章就來講更深入的問句技巧。

向上歸類與向下歸納

　　問句影響腦袋，腦袋影響行動。

　　如果一個銷售業務員可以透過不斷問問題，理論上就可以跟客戶不斷的講下去。標準的模式是，甲問乙一個問題，乙回答一個問題；接著甲問乙第二個問題，乙回答第二個問題……，然而理論上雖然如此，實務上卻不可能樣樣按著業務

的劇本走。不是因為客戶不受問句導引，而是因為問句本身的問題，為何無法照上面的模式，甲問什麼，乙就繼續回答下去呢？以業務銷售來說，那是因為：

第一、關係不同，回答問題的意願不同。

第二、問題不能勾起興趣，於是客戶轉身想走。

記得前面我們曾舉過在菜市場上，就連小朋友問陌生大人一個問題，大人都會依照小孩的問題方向去想。然而這只限第一個問題，第一個問題的效力最佳，幾乎每問第一個問題，被問的人都會依照問者的方向走。

但是到了第二個問題，影響力就會變弱。好比說小孩問大人：「我迷路了，請問出口往哪邊走？」大人會很樂意協助，甚至直接帶著小孩往出口走。但小孩若是接著又問大人從哪裡來？是做什麼行業的？此時大人就會有所警戒，心想這個小孩是否是要來騙錢的？

可以說，**業務成交的關鍵不在於不斷問問題，而是在於如何讓一系列的問題，可以形成正面循環的對話。**

這時候，有兩種對話模式是業務員要牢記的，就是「向上歸類法」以及「向下歸納法」。

一、向上歸類法

先舉例來看：

業務：「先生，你為什麼要買房子？」

客戶：「因為我想要有自己的家。」

業務：「為什麼你想要有自己的家？」

客戶：「因為這樣我才能自己做布置，若是租房子，我就不方便做太大變動了。」

如同前面說過的，許多時候我們問問題，對方回答的只是他們的表面需求，但不一定可以問到需求背後的原因。然而透過向上歸類，就可以不斷往問題的「源頭」追溯。任何時候，我們問人問題時，若是站在一個問題的基礎上，持續往問題的「背後」深入，就屬於向上歸類法。

通常是用 Why 的問法，問對方「為什麼要這樣？」得到答案後，又繼續問：「為什麼要這樣？」直到問出真正的關鍵為止。基本上，雖然主要是用 Why 來問，但是 5W1H 的各類應用，也可以達到這種效果。好比說：

乙：「我釣到一條大魚。」

甲：「你怎麼（How）做到的？」

乙：「我從南部上來的。」

甲：「我也是南部人，你是哪一縣（Where）？」

乙：「這是我自己種的花。」

甲：「好漂亮，我有興趣，能跟我介紹一下這是什麼花嗎（What）？」

向上歸類，站在原有的基礎往上問，只要問的方式夠親切（而不是像警察問話），通常對方都會持續和你對答。

二、向下歸納法

另一種問句方式，叫做向下歸納法，也就是站在基礎的問題點上，問得更細，最典型的模式就是醫生看診。

病人：「醫師，我人不舒服。」

醫師：「哪裡不舒服？」

病人：「我頭痛、咳嗽、有點反胃。」

醫師：「頭哪裡痛？是額頭、側邊還是整個頭脹痛？」

病人：「大約是額頭這邊很痛。」

醫師：「是怎樣的痛法？」

如同上例，向下歸納法就是問題越問越「細」。

那麼以業務銷售來說，要如何結合向上歸類法與向下歸納法呢？

問句法，先上後下

問問題不只是一種說話技巧，同時也是一種心理學，我們要先站在被問者的角度想事情，如此就可以用正確的方法問問題。

基本上，以業務來說，特別是和陌生人推介新產品時，要先做到「向上歸類」再「向下歸納」，有個口訣「先上後下」，只要記得剛好跟搭乘大眾運輸工具相反的概念，搭公車或捷運時要先下後上，但問問題則是先上後下。

為什麼要先上後下呢？因為當我們與陌生人見面，對方因為對你不熟悉，所以必然會產生排拒感。當這樣的時候，他會有兩種反應，第一是不願跟你親近，第二是回答問題也只是表面功夫，而向上歸類，正好可以因應這兩種反應。

» 向上歸類，可以帶來親和感

試想，走在路上時，突然有個陌生人拍你肩膀一下，你一定很生氣，甚至想要報警。但如果是老朋友拍你一下，你只會笑笑的，甚至和他親暱的打回去。所以「關係」很重要，但是一個明顯的事實，當你對陌生人銷售時，你和他彼此就是陌生人啊！那怎麼辦呢？此時就可以透過問句可以產生「連結」。

例如：

「先生，請問你從哪裡來的？」

「我臺南人。」

「太巧了，我也是臺南人！（或我的老婆正是臺南人，或曾在臺南當兵、我的幾個好朋友都是臺南人……，總是找得到連結點。）」

當一群人在一起時，大家可能來自於不同的地方，但是一個厲害的領導人，就是可以找到大家的「公約數」。最擅長此道的就是政治人物，每到選舉場合，候選人一站上臺：「各位親愛的鄉親，很感恩你們今天的到場，在這裡我們都是共同體，我們都是有心想為這國家社會做點事的人。你們說，對不對啊？」

明明臺下的人他都不認識，然而透過這樣的開場，他把臺下的人都向上歸類，變成「我們」。當「我們」都是有心想為這國家社會做點事的人，這句話深入民眾心裡，於是臺下的人都願意專心聽這個候選人講話。

同理，我們在與陌生客戶交談時，一開始先不要像連珠炮般介紹產品，那樣只會讓客戶反感。一開始一定要建立親近感，我們來看一下範例：

「你想幫小孩買東西嗎？」

「你一定很愛小孩，我也是。」

「你這件衣服很漂亮，是你自己挑的嗎？」

「你一定很重視品味，我也和你樣對品質很挑剔。」

「看你帶著公事包，你是銷售人員嗎？」

「我們都是銷售人員，我了解做這行的辛苦。」

» 向上歸類，可以問出真正問題

當客戶面對業務的詢問時，往往會有所保留，但是聰明的業務，懂得一層又一層的往核心關鍵問話。

消費者：「我現在不想買這個包包。」

業務：「沒關係，你可以先看看就好，我感覺到你喜歡這包包，但是為何現在不想買呢？是因為覺得太貴嗎？」

消費者：「價格可以便宜一點更好，但是我現在不想買。」

業務：「價格當然可以更便宜，因為我覺得跟你很投緣。其實我在想，是否因為現在是月底，所以覺得這時候花錢買這個不太好？」

消費者：「也對啦！畢竟下月初才發薪。」

業務：「我了解你的煩惱，不過這款包包折扣只到今天。沒關係！我和你交個朋友好了，今天只要先付一點點訂金就好，我幫你把這個包包保留下來，等你發薪日再來取件好不好？」

於是業務又賣出一個包包。

　　至於向下歸納，主要是在客戶已經確定要買之後的細部確認，好比說，客戶的車子出問題，送到汽車修理廠。為了針對車子問題好好處理，維修員會問客戶很多問題，問得越細越能掌握狀況。

　　「車子怎麼了？」

　　「過熱。」

　　「是什麼時候發生的？過熱的現象很久了嗎？」

　　「具體的狀況是如何？開在路上冒煙嗎？還是看到儀表板上的溫度超標？」

　　「最近有開山路嗎？」

　　「除了過熱外有什麼其他不對的狀況？」

　　此時問得越細，才越能真正解決問題。

　　銷售也是如此，客戶要買車，要哪一種顏色的？要哪些配備？哪一種座椅？哪一種音響？⋯⋯只要往「下」問，問到客戶確認後再成交，這樣可以避免日後有任何的消費糾紛。

問出好問題，導引出銷售要的結果

　　銷售，表面上是需求問題，但往往實際上是信任感的問題。畢竟同樣是有需求，我為何一定要跟你買？除非全世界只剩下你可以賣；這東西我又不是非買不可，否則為何我要把業

績平白無故奉送給你？

　　其實，我們自己以消費者的角度想事情，也會有這樣心態。同樣兩家牛肉麵店，賣的東西也都一樣，其中一家的服務態度很好，另一家服務態度比較普通，我們當然會選服務態度好的那一家光顧。或者去夜市逛街買東西時，看到笑容可掬的店員，我們就比較有意願進去逛逛。

　　所以當我們做業務銷售時，**問問題的關鍵，與其說是在找出「客戶買東西的理由」，不如說要先找出「客戶和我買的理由」**。

　　當我們能夠用這樣角度想事情，問問題時自然就可以抓到竅門。

　　前面說過，問問題要「先上後下」，但是這裡要告訴讀者，我們做任何事情都要懂得變通。如果我們試著「向上歸類」，發現客戶的反應冷冷的，那麼就要先想一想：

　　第一、客戶不習慣這樣的問句方式。例如我們和客戶攀交情，他覺得你很虛偽，這時候就要轉換方向。有可能這個客戶是屬於「DISC 人格分析」中的 C 型人（關於「DISC 人格分析」不同型的人格特質，可參見第十五章），比較重視數據分析，不喜歡和人漫天哈拉瞎聊。

　　第二、客戶正在想事情。這時候他需要安靜，此時如果你越是在旁邊講話，他就會越覺得厭煩。

　　第三、客戶已經想要買某個產品了。這個時候他需要的是直接介紹商品，然而你卻在一旁不斷「向上歸類」，讓他覺得你很囉唆。

　　因此，假定以店面銷售來說，優秀的店員在問問題時，要懂得察言觀色。

　　如果客戶看起來只是隨便逛逛，並沒有特定要買什麼，這時候就適合找機會適當地用「向上歸類法」問問題。

　　如果客戶看起來有特定的需求，甚至已經站在某個貨架前了，這時候最好不要去打擾他，除非看到他臉上出現困惑的表情，或者是東張西望，表示需要求助，想要找人做進一步的說明，這時候就可以上前問他：「有什麼可以為你效勞的嗎？」

　　如果客戶已經選購了某一樣東西，並且放在購物籃裡了，如果他還沒有立刻去結帳，這時候，聰明的店員懂得依照購物籃裡的東西，適時做出促銷。

　　如：「這位小姐，您要買洗潔用品嗎？您真聰明，知道這個牌子現在正在優惠。對了！您有小孩嗎？您知道嗎？小孩子皮膚比較稚嫩，可能需要和大人不同的沐浴乳。剛好我們引進了新款的嬰幼兒洗潔用品系列，目前也是特惠中，您要不要順便帶一組？」

　　這裡指的是店面銷售的情況，至於一般業務銷售，例如挨家挨戶的隨機式拜訪推銷產品，或者是公司對公司，業務員到

一家企業去做系統安裝簡報等等，不同的業務情境，都可以運用同樣的原理。

基本原則：

• **銷售第一步，要懂得「拉近距離」**

此時善用「向上歸類」法，可以帶來好的效果。但是如果面對的是團體，好比說上臺簡報，臺下坐了幾個企業主管，這時候依然可以拉關係，但是拉的是「企業關係」。好比說：「我剛才有注意到，貴公司在工廠的很多環節，都要求節能減碳設計。請問這是貴公司的核心價值之一嗎？如果是的話，那真的和我們公司很契合，我們公司生產的商品，都很注重節能減碳。」

• **銷售第二步，要引起好奇**

客戶想要購買一套廢氣排放處理設備，找來幾家公司做簡報，你則是其中一家公司的代表。這時候你要怎樣讓自己公司的產品脫穎而出呢？當別家公司的簡報時，都是一板一眼的介紹自家產品，你則可以透過「向上歸類法」，凝聚客戶的心。

舉例：「我知道貴公司想要買的是廢棄排放處理設備，但是各位知道嗎？為何我們一定要安裝過濾式的設備，而不能簡單排放就好？」

於是客戶提出他們的答案，因為排放的黑煙不能直接進

入空氣，要先經過哪些程序等等。這時候你繼續問：「但你們知道實際上過濾是經過怎樣的步驟，把黑煙排放變得符合標準嗎？」

接著你又問：「當你們知道這個排放流程了，有沒有發現，其實最重要的不是能不能做到排放？這點我相信各家產品都可以做到。重點是如何做到有效率的排放？如果這套設備每隔一、兩個月就要換一次濾網，結果一開始的買價看似便宜，然而長期計算下來，維修設備反而更貴，這樣子划算嗎？」

透過問問題的方式，第一，你和這家企業連結在一起，原本賣方和買方是對立的，你只是眾多的賣方之一，然而透過問句，你營造出一種氛圍，你和他們變成「共同體」，一起在思考公司的問題。

第二，透過問句，你影響了買方的腦袋，讓他們改變焦點，原本對方的焦點是放在「最便宜」的設備，透過你的問句，讓他們改將焦點轉移到「長期來看比較有效率，也比較省錢」的設備。

藉由這樣的問句導引，其實你已經在他們心中打下了一個銷售的基礎。最後，他們在做採購決策時，不免會受你這樣的引導影響，你銷售的產品就能從中脫穎而出了。

第十一章 先銷售給自己，再銷售給客戶

　　問問題，是一種藝術。提起藝術，我們就用藝術品來做為例子。

　　我們都曾經去逛過美術館，或是參觀過學校或社區的作品成果展，當我們看到藝術作品時，是不是有時候有這種感覺，這幅畫明明就只是畫一個花瓶，為什麼會是世界名畫？或者那幅畫為什麼會得獎？同樣是藝術作品，都是用水彩在白紙上作畫，外觀看起來也都挺賞心悅目的，但為何這幅價值幾百萬元，那幅卻是乏人問津的素人作品呢？

　　同樣是畫花瓶，背後卻可能有扎實的藝術工法，以及創作者本身的深厚感情。「心」的投入，賦予作品生命，於是有了巔峰之作。

　　其實，問問題既然是一種藝術，同樣的，也需要「心」的投入。

客戶一定要跟我買的理由

　　有句話說「知人知面不知心」，所以就算一個人笑笑的跟你講話，甚至表現出慈眉善目的樣子，但他可能在背後算計著你，你也不可能知道。表現在銷售上，當業務一心只想掏空你的腰包，但表面上卻是滿面堆笑，講的話處處討好你，這時客戶應該也看不出來吧？

　　錯了！也許在人際關係間充滿了險惡，許多人口蜜腹劍，但是偏偏在業務領域上，依照我的經驗，反倒比日常人際之間更可以看出「真心」。

　　原因在於日常生活中的人際惡鬥，對方多半已經認識你、了解你，也知道你的弱點，並且懷有充分的目的（要詐財或是陷害你），所以可以好好的演一齣戲。但是來到業務場景中，如果彼此都是陌生人，由於對方無法做出種種的準備，因此就只能以一般的商場面孔與你應對，所以這時候反倒比較可以看出真心。

　　所謂的真心，當業務賣東西給你時，是只想趕快說服你，讓你簽約下訂單，還是真的認為這個產品不錯，如果你買了，一定會對生活有幫助呢？實際上，這還是看得出來的。

　　就如同我們平常去商店買東西時，我們基本上也可以分辨得出來，這個店員是個工讀生，只是想應付交差，撐到下班時間回家就好；那個店員根本就是老闆，他真的很了解自己的產品，對你的說明也顯得比較專業。

　　這些我們都可以分得出來。同樣的，我們在買一項產品時也分得出來，某個業務員只是為了衝業績，面對你只想成交了事，甚至坦白跟你說：「對不起請幫幫忙，我這月業績就差你這筆了。」對於銷售這件事有沒有誠意，還是看得出來的。

　　人同此心，心同此理，如果今天我們扮演的就是銷售產品給別人的角色，要如何做到「真心」呢？

　　首先，請確認你是否喜歡這個產品？如果實際上你不是那麼喜歡這個產品，只是迫於生計才來當這個商品的銷售員的，或者你並沒那麼熱愛這個商品，也沒興趣去深入研究，只想照本宣科，把公司產品賣給客人。那麼我會誠心建議：

　　第一，如果有可能的話，勸你還是轉行吧！**這個世界上再高明的銷售技巧，也不適用在本身對商品沒興趣的人。**

　　第二，如果你仍要銷售這個商品，請認清自己的身分，身為業務是有「責任」的，你必須對自己賣的商品負責，因此，

寧願多花一點功夫，先做好功課再出門銷售，而不要一心只想賣東西，對客戶的問題卻是一問三不知。當你確定你喜歡自己賣的商品，同時也做了功課，了解自己的商品後，這時候再來談銷售技巧。

然而，在談銷售技巧前，在和客戶真正面對面前，你還必須做一件事，那就是問自己以下的問題：「我為何要買這個商品？」

如果你回答得出來，那就可以套用在客戶上；如果連你自己都回答不出來，那要如何說服客戶呢？所以要先做這樣的練習，先列出五十個客戶要買我產品的理由。

想不出來？那就代表你還不夠用心。你一定要想足五十個理由才能開始去進行銷售。一方面，客戶有各式各樣的情況，如果你只有準備幾個理由，那一定無法面對不同客戶的需求；二方面，如同前面提過的需求理論，一張桌子要有許多的桌腳才能站得穩，你必須讓自己的產品擁有很多堅實的桌腳，穩固到客戶「非買不可」。

我們在思考這五十個理由的過程中，其實也是在讓自己更深入認識這個商品，簡單來說，你就是在「說服自己」。

我可以肯定的說，當你能夠真正想出五十個理由時，你整個人氣質一定也會同時改變。原本你賣東西給客戶時是有點心虛的，一邊稱讚商品的好處，一邊內心也很焦慮，擔心要是客

戶問一個自己回答不出來的問題該怎麼辦？但是當你想出五十個理由後，你整個人就會展現出一種自信，你不是硬背這五十個理由，而是已經真正融入這個商品，真的認為好喜歡賣這個商品。

當你達到這樣境界的時候，面對客戶時不但可以侃侃而談，並且還會散發出一種「我真的好喜歡這商品」的氣質。

相信客戶可以看到你的「心」嗎？我相信一定可以的。試試看吧！不論賣的是保險、保健食品還是賣房子，用心想出五十個客戶非跟你買的理由，你的業績就會有明顯提升。

假想式成交法

有句話說：「心想事成。」這裡我們不談那些信念和宇宙能量的牽引，單就銷售這件事來說，「心意」真的很重要。我們可以用愛情當例子，當我們想追一個女孩子時，有沒有可能自己不是真的喜歡她，只是因為「必須追她」才展開追求行動呢？這樣的愛情很難長久發展下去，原因很清楚，當你的心不在時，對方一定能感覺得到。

我們知道在愛情場域裡，懂得「心」最重要，那麼為何當我們做銷售時，會以為「虛情假意」可以擄獲客戶芳心呢？或許你會問，銷售畢竟不是愛情，愛情只能有一個對象，銷售可

能要面對成千上萬的客戶啊！怎麼可能個個都是「真心」呢？

　　銷售當然不是愛情，但是這裡指的真心，並不是愛情的那種真心，而是相信這是好產品的真心、相信這個產品對客戶有幫助的真心、與客戶互動時是真心誠意的，只要具備這三者，那就是銷售的真心。

　　有一種銷售的最高境界，銷售者本身可能投入很多真心了，乃至於已經到達在她想像中「已經成交」的意境。這是一個發生在我身上的真實案例，對方在整場銷售中，就用一連串的問句，讓我跟著她的劇本走，最後乖乖地掏出信用卡付帳。

　　那回我原本只是為了出國講課，想單買一件深藍色西裝外套，進到賣場專櫃後，我挑了一件我想要的顏色，接著遇到一位和藹可親的女性業務員親切的招呼我。

　　「先生，你穿這件衣服很好看。」小姐露出美麗的牙齒說著。不過接著她眉頭一皺，「嗯！你穿這件不錯，不過袖子有點太長了，請等一下，我請裁縫幫你裁一下。」

　　說完她便拿起蠟筆，在袖口畫了一圈，並且一邊順勢從旁拿起一條褲子，一邊說：「這是同色系的褲子，一般都是這樣搭比較合宜，先生你穿穿看。」

　　於是我就照她的意思試穿了。接著，她也是說褲管稍微長了點，需要修改一下，然後又拿起蠟筆畫一圈，同時間她已經拿出一件襯衫。

「這件穿穿看，這是整體的搭配。」我一邊穿時，她又拿出一條領帶，並且問我：「你要藍色還是紅色的？」我直覺地回答藍色。她說正確，然後拿出藍色領帶直接幫我套上。

此時我已經穿上「全套」的西服，那位小姐則手上拿著蠟筆，這裡畫畫，那裡畫畫，包括領帶，也說稍微長了一些，她幫我畫一槓，待會兒要裁。

過程中，其實沒什麼太多的業務話術，那小姐只是「理所當然」地幫我搭配全套服裝，接著就說：「好！這些衣服裁縫等一下會處理。」

在專櫃的旁邊就有一個裁縫部門。然後順理成章的，她最後問我：「總共是三萬八，先生你要刷卡還是付現？」

我能說什麼？要說是你自己要在衣服上畫線的，不是我叫你畫的？我只是看看還沒有要買？當然，在那種情境下，我不會說這些，當下我就只能掏出信用卡，刷卡買單了。

這位櫃姐做的就是「假想成交式銷售」，從一開始她就已經認定我和她處在「準成交」狀態，她的每一句問句都是站在「我已經要買的基礎上」了。

在其他的銷售場合，可不可能做到這種境界呢？依我的經驗來看，只要做好準備，任何業務都可以做到類似這樣的境界，當然前提就是已經做好準備。

你做好準備了嗎？你的心境已經處在「對方會成交」的模

式上了嗎？如果你對自己還有一絲絲懷疑，那就代表你還沒有準備好，請先多做點功課再來交易吧！

自己就是最受歡迎的標的

　　對任何行業來說，似乎有個基本鐵則，那就是「勤能補拙」。一件事不會？沒有關係，多練習就好。事實上，只要經過「足夠」的練習，任何人都可以勝任所有工作，他可能一個月就可以勝任工廠的車床工，儘管還不能當上師傅，但是基本的工作要上手是沒問題的；他可能半年就可以當遊艇駕駛，或許不是高手，但是要載運客人是沒問題的。然而這套公式卻不適用在業務上。

　　我的認知中，「勤能補拙」也許在短期內可以讓一個菜鳥業務業績提升，但是如果根本的信念沒有改變，那麼這個業務的成就必定有限，因為所謂「勤能補拙」講的是技術面，業務界有句名言：「量大，業績自然就大。」但是真正的業務高手絕不是只靠量大就可以的，畢竟人的時間有限，你要一天花十八個小時工作，以「量大」來維持業績嗎？這樣的業務也太悲情了，所以成功的關鍵，還是在於是否具備業務的信念。

　　而如同本書一開頭就強調的，問句影響人生，如果一個人本身沒有讓自己處在正面的信念下，不管從事各行各業都難以

突破。特別是業務工作，原因無他，業務是一天到晚會碰到挫折的工作，如果不具備正向的信念，那麼單靠勤能補拙，還是無法做得長遠。

因此，我在培訓業務時，除了要指導他們針對本身的產品，問自己五十個問題，然後假想自己已經和客戶成交，平常我更要求他們的，就是要時時用正面問題砥礪自己。由於業務工作是經常要與人見面的工作，所以要時時問自己：「為什麼別人會喜歡我？」、「為什麼客戶願意跟我買東西？」

基本上，就是把問產品的五十個問題套用在自己身上，我們每個人都是業務員，第一個要銷售的「產品」，本來就是「自己」。既然我們可以誠心為客戶設想要買商品的五十個理由，為何不能也問問自己，客戶要跟我買商品的五十個理由？

就算你不是業務工作者，同樣可以問同事喜歡我的五十個理由、老闆願意栽培我的五十個理由，這樣的問題不但要問自己，並且要問成一種習慣。

回歸到業務面，當我們內心已經建立了「客戶為什麼會找我買東西的五十個理由」，甚至這五十個理由比起你手中賣的商品那五十個理由還要堅定，畢竟業務員有可能轉換跑道，今年從事保險銷售，後來改投入多層次傳銷，但是業務員本身卻沒有變。當你轉換跑道時，會改變「為何賣這項商品的五十個理由」，卻不會改變「客戶為何喜歡你的五十個理由」。

所以，當你心中已經擁有充沛的信念：「客戶喜歡我，因為我散發出一種天然的誠懇。」、「客戶喜歡我，因為我打從心底就很高興能認識新朋友。」、「客戶喜歡我，因為我相信緣分讓我倆能相遇，我倆都很歡喜有這樣的緣分。」……

接著像是奇蹟般，你就會發現，當你面對客戶時，客戶還真的被你的內心感應到了，與你見面，就是不知不覺會微笑。世界知名的銷售之神喬吉拉德，他有一句名言：「**成交一切都是為了愛。**」

他心中這樣想，整個人也真的散發出這樣的氣質，於是大家喜歡找他買車，因為跟喬吉拉德買車，不是商業化的汽車買賣，而是一種有溫度的人際交流，是一種愛的分享。

所以如果想要成為一個成功的業務，就是要擁有「讓人願意親近的成功氣質」。而這樣的氣質是可以建立的，先試著問自己這樣的問題，列出五十個別人會喜歡你的理由，你也可以因應自己的產業性質，再增列一些相關的問題。好比你如果是廚師，可以問：「為何我做的菜特別香？」如果你是老師，可以問：「為何學生們都特別喜歡我？」

當然，所有問題的最源頭問題，還是依然要問，為何我「這個人」會那麼受歡迎？現在，在你腦海裡，有過這樣的問題，並且你已經有答案了嗎？如果沒有，請花點時間問問自己吧！

第十二章 應用 INCOME 問句溝通法帶來好影響

前面我們談過「INCOME 問句溝通法」，INCOME 這個字若以最普遍使用的定義來看，代表的就是收入。而若以廣義來看，任何帶來「進帳」的事物，包括金錢進帳、業績進帳、收成進帳……，好的回饋進帳都是一種 INCOME。

而 INCOME 這個字恰好可以拆成 INquiry（提出詢問，洽詢）、Call（搜尋，回答）、Offer（回饋，對應）、Manage（管理，導引）及 Expect（期望值）五個步驟，本章就來講 INCOME 問句溝通法的具體應用。

三大溝通卡關點

任何的溝通，都必須建立在一個「雙向往返」的談話模式中，如果其中一方講，另一方沒有回應，有可能是老師授課，有可能是長官訓話，也有可能是一方根本充耳不聞。而就算是授課或訓話，最終也還是要得到一個回應，例如部屬要回應「知道了」，這樣才能構成有效的溝通連結。

如果有一方想交流，卻無法與另一方形成溝通連結，那麼對關係親密的人來說，這可能是一種冷戰，甚至是感情崩解的徵兆。但若彼此不是親密關係，一方卻想交流，想要創造溝通連結，那麼這就是一種典型的業務模式，不論是業務員想要賣商品給路人，或者員工想要說服老闆幫自己加薪，都是如此。

處在業務模式，要如何締結正向的溝通連結呢？這時候，就要用到「INCOME 問句溝通法」。

依照 INCOME 步驟來看，有三個關鍵環節是業務人員通常會慘遭滑鐵盧的。

» 第一個環節：從 INquiry 到 Call

也就是業務方問了一個問題，希望客戶予以回答，但是卻在這關就沒能通過。最常見的例子，就是業務在路上發傳單給路人並詢問有沒有興趣，但是路人根本連看都不看業務一眼，就繼續往前走。

當然，路上發傳單是最傳統的陌生開發，若是比較不那麼

極端的場合，例如客戶到店參觀、約好時間的一對一面談，或者去客戶公司簡報，比較不會發生這種情況。但無論如何，在問句一開始就要設法讓客戶願意且樂意繼續溝通下去，是第一步的重點。

這部分的內容包括前面說過的「先上後下法」，以及「預先問自己五十個客戶要買的理由」都是重要關鍵，後面我們也會介紹各種可以帶來第一好印象的問句方式。

» 第二個環節：從 Call 到 Offer

這是多數業務的致命傷，也就是當業務和客戶開啟了對話後，卻後繼無力，即典型的「話不投機半句多」。如果是男女交往也就罷了，可能這個對象與你無緣。但是如果是做業務工作，總不能老是被客戶嫌談話無趣、不想跟你講下去吧！

那麼到底從 Call 到 Offer 之間發生了什麼問題，為何溝通無法繼續呢？

最常見的問題有：

1. 文不對題

業務問客戶：「請問這位小姐，你覺得怎樣的車款才是你喜歡的？」

客戶：「我覺得現階段，我比較想要外型迷你一點的，方便停車。」

　　業務：「請問這位小姐，我們公司最近有幾款休旅車在特價，要不要進來看看……」

　　客戶心中 OS：「這個業務員到底有沒有在聽我講話啊？」

2. 虛應故事

　　業務問客戶：「這位先生，你正在找怎樣的房子？」

　　客戶：「我喜歡採光佳、格局好的房子。」

　　業務：「嗯嗯。」

　　客戶：「最好近學區，生活機能佳，但是又不要太吵。」

　　業務：「嗯嗯。」

　　客戶：「然後，我喜歡交通要方便些，附近有公車站牌……」

　　業務：「嗯嗯。」

　　客戶：「對了，我還有其他事要忙，先告辭了……」

　　（客戶已經不想再和這麼無趣的業務聊下去，自個兒走掉了。）

　　所以當業務問了問題，客戶也回應後，業務如何讓整個對話繼續循環下去，最好的狀況是兩人有種相見恨晚的熱絡，不然至少也要讓客戶願意繼續聽你介紹商品細節。否則，若是溝

通到了 Offer 這一關就卡住，後面便無法進入成交的階段了。

» 第三個環節：從 Offer 到 Manage

這一部分是更多業務員的致命關卡，事實上，有超過 70％的業務，可以做好前面 Inquiry 到 Offer 的流程，但是卻無法跨到 Offer 到 Manage 這一步。

也就是說，業務和客戶「聊天」聊很久，一直在 Inquiry 及 Offer 之間重複，可是卻無法將客戶的談話導引到預期的結果，也就是簽約完成訂單的階段。

為何會如此呢？多半時候是因為業務「不好意思」成交，彷彿覺得自己賣東西給對方是很丟臉的事。另外，就是問句的方式錯誤了，問很多和最終成交不相關的問題，結果話題越扯越遠，無法回歸正題。

其實，業務銷售和一般朋友交談一樣，都必須應用問句的原理。但畢竟銷售就是要銷售東西出去，不像朋友聊天可以「真理越辯越明」，真正的銷售，從業務員開口的那一刻起就已經預設好了，最終要將客戶導入付款或簽約。這不是權謀，銷售本就是如此。

那麼，如何讓溝通連結更順利的完成呢？

建立順暢的問答循環

　　業務銷售，如何給對方第一好印象很重要。關於服裝儀容整潔度、如何穿著得體、行事得宜，這非本書的討論範圍，但基本上與陌生人交流時，除了本身要給對方好印象外，開口的第一句話要能觸動對方，讓對方願意繼續和你談下去。因此，要先謀定而後動。例如：

　　當看到一個人行色匆匆走過去，你就別去攔他了，這只會自討沒趣，一般人在那樣的狀態下，是不太可能和你交流的。

　　當對方的眼神對著某項商品明顯多看幾眼時，甚至他擺明了就是在某一區逛（好比說嬰兒用品區），這時候，業務視情況向前，第一句話就要問進對方的心坎裡。最安全的做法，不妨問對方有關嬰兒用品的話題，十之八九可以 Catch 到他的需求，然後就可以讓對話進行下去了。

　　如果是純陌生拜訪，那麼一個精明的業務，要懂得觀察。好比說，到一個企業家的辦公室拜訪，被邀請入內，此時要用最快的速度瀏覽企業家的辦公室布置，例如看到高爾夫球桿以及獎盃，第一句話就說：「原來董事長是高爾夫球好手，請問這座獎盃是在哪個比賽得到的？」

　　或者看到企業家桌上放著全家福照，眼尖的你看到照片中的企業家抱著一個男童，那麼第一句話絕對要這樣問：「好可

愛的孩子啊！你家公子幾歲了？讀幼稚園了嗎？」通常這種審時度勢後做出的發問，都可以引發後續順暢的溝通。

如果是無法審時度勢的場合呢？例如在從事多層次傳銷的場域，和一個你連他是什麼背景都完全不知道的來賓對話，要怎樣吸引他繼續談話，最後願意加入你的事業呢？

此時問話的方法，就是前面說過的「向上歸類」法。當然，我們沒辦法保證第一句話一定可以抓住他的心，但至少要做到三句話內讓他願意跟你講下去，也就是在對方想要轉身就走之前，透過前面的問句快速吸收資訊。

所以第一句話要問的問題，就是要有關對方是哪裡人、對方是哪個產業的……等等，這句話的用意是為了要締造「公約數」的條件。如果對方是臺南人或者是在資訊業服務、剛剛退伍……等等，一旦抓到焦點，就立刻說「我也是臺南人」、「我以前也是資訊業」、「我弟弟也剛退伍」……等，建立了初步連結後，快速拉近關係，此時再來問後續的問題。

當初步的 Inquiry 成功後，讓對方至少願意坐下來繼續與你對話，那麼就可以趕快進行 INCOME 問句溝通法了。

記住，業務談話的目標只有一個，那就是 Expect，也就是最終的成交。所以在談話過程中，我們要設定我們問這個問題時，客戶的思緒會朝哪個方向走，最終的結果就是要談到銷售的主題。

舉例來看：

業務：「先生你身材維持得不錯，平常有運動習慣嗎？」

客戶：「還好啦！就是假日會去跑跑步，偶爾登山健行。」

業務：「跑步喔！那真的是很好的習慣，相信你繼續維持下去，將來中年就不會發福了，以你的狀況應該不會擔心發福這類的事吧？」

客戶：「這難說喔！畢竟我的事業越來越忙，單靠假日運動，也不知道中年後會不會發福？」

業務：「如果有一種保養品，現在開始喝，保證你日後發福的機會減少 80％以上，你願不願意嘗試呢？」

客戶：「說來聽聽……」

就是這樣，成功建立了溝通連結後，也成功導引客戶往成交的方向邁進。

當與客戶交流，特別是與陌生客戶交流時，如何最快速的打好關係呢？有幾個關鍵性的問法。包括「FORMDH」以及「**關鍵問題七問法**」。

所謂的「FORMDH」，每個字母代表一個一般人會有興趣的主題，分別是 F（Family）家庭、O（Occupation）職業、R（Recreation）嗜好、M（Money）收入、D（Dream）夢想，及 H（Health）健康。

　　當我們和一個陌生人處在一個彼此不熟悉也不信任的環境下，比較無害的起始點，就是這個 FORMDH。這是基於人性，每個人有潛在的發表欲，但是又必須保有隱私權。如何談論自己，讓別人對自己印象好，又不至於洩漏自己太多的祕密呢？這六個領域就是好的切入點。

　　所謂談**家庭**（Family），當然不是談家裡的祕辛或八卦，談的是客戶有幾個小孩、和家人相處快樂的事情（如昨天剛帶妻子和寶貝去動物園）、家裡最近剛添購了一部電視……等等。

　　談**職業**（Occupation），這是最無害的談話，除非對方是在情治單位或身分敏感，基本上若想讓雙方放開心胸聊起來，談職業是很好的切入點。當然業務要稱讚對方的職業，至於客戶端是否想聊工作辛酸史或職場生態，那就配合客戶了。

　　談**嗜好**（Recreation），若能抓得住對方真正的嗜好，當然也會創造美好的交談。重點在於業務是否第一眼就能判斷出客戶的嗜好是什麼，畢竟這不是客戶一開始就會透露的。若是在聊天時主動詢問對方嗜好，在雙方根本不認識的階段，問這個問題也太過親密了，因此主要還是透過寒暄時，業務能否抓住對方話語中透露的訊息，一旦真的掌握到對方的嗜好，諸如看電影、旅行、集郵……等，就要趕快把握，肯定可以讓雙方的話題延續下去。

至於談收入（Money）、談夢想（Dream）、談健康（Health），這同樣是影響力一半一半，端看業務的問話功力。因為這三個主題都是帶了一點隱私，甚至可能是對方的痛點。可是往往又是客戶本身最關心的話題，關鍵在於談話的過程中，可否觸動客戶想要宣洩的心。一旦抓到了，客戶可能滔滔不絕的說著（其實我的夢想是蓋一所希望小學、其實我的過敏症狀始終困擾著我、其實我的收入比起同年紀算是不錯的啦……），這時候，業務只要懂得識趣地不斷 Offer，肯定可以和客戶建立好不錯的關係。

「希望小學？哇！我好敬佩你喔！你為什麼那麼有理想抱負啊？」

「收入這樣很棒耶！你一定很努力，有一段精彩的奮鬥史喔？」

總之，願意讓客戶開始與你對話，在一問一答之間，就可以逐漸朝向「成交」之路邁進。

到此，我們為讀者建立了一套從日常生活到業務實戰必須具備的問句必備基礎。不論作為工作所需，或作為生活中的各種溝通交流應用，透過適當的問句，都絕對可以做到大幅提升交流成效，最起碼也能帶給你較好的人際關係。

後面，我們要專門針對業務人員，提出銷售實戰篇。

第五篇 業務實戰篇

業務員成交的七大問句

第十三章 業務，就是要讓你看見問題

　　再導入問句七法前，針對業務朋友們，讓我們來談談什麼是銷售？

　　銷售是一門生計，牽涉到養家活口，牽涉到生涯發展，所以，銷售不是請客吃飯，銷售，不是聊天喝下午茶。**銷售，一定要有結果，如果不是發生在今天，就是發生在不久的未來。**

　　接著我們繼續介紹問句，但是從本章開始，我會直接把重心放在銷售這件事上，如何透過問句，讓銷售得到「具體」的結果：

- 　最上等的結果，就是客戶當下簽約成為長期客戶。
- 　中等的結果，客戶願意下單，雖然可能只買這一次，或者只是試探水溫。
- 　比較差的結果，至少要和客戶達成某種連結，可能今天不買，但後續可以繼續聯繫，或者這回讓他有個基本印象，有機會可以下次再來詳談。正所謂「買賣不成仁義在」，交個朋友，有緣再相見。

如果問話的交流方式不對，客人會幾分鐘就走人，甚至一開始就不想理你。但這並不是最糟的，最糟糕的情況是，你已經花了大把時間跟對方「聊天」，雙方溝通交流了很久，最終卻沒有結果。他浪費了你的時間，對方也覺得你浪費了他時間。這是雙輸，這樣就不好了。讓我們來看看如何預防這樣的情境發生。

SPIN 問句法

假定你現在與客戶在某一家餐廳，彼此面對面坐著，這時候，我們該如何讓事情朝我們想要的方向發展呢？這裡我們來談談 SPIN 銷售法，這是非常典型的透過問話的方式與人交流，最終要締結成交。

SPIN 銷售法是由心理學專家 Neil Rackham 所提出，S、P、I、N 分別代表著銷售的四個階段，以及四種問句的方式。

» S：情境性問題（Situation Questions）

也就是當雙方開始交談時，用來「切入主題」的話，這部分的談話對業務來說，主要目的只有一個，那就是蒐集對方的情資。假定一開始我們並不了解對方的背景，因此我們要先透過情境性問題，來建立後續對話的基礎。

如果是銷售個人商品，就會詢問對方的家庭、職業、生活習慣……等等，也就是前面說的「FORMDH 法」。如果對方是企業代表，就該問有關公司的市場、過往的產品規格、原本採用哪個品牌的系統……等等。

情境性問題可長可短，視雙方交流的熱絡度以及可以談話的時間而定，假定雙方見面時間有限，或者對方就是一副「你就直接說重點吧！」的表情，那麼情境性問題只要能抓住基本的資訊，就可以快速進入下一個階段。

» P：探究性問題（Problem Questions）

站在前一階段蒐集的資訊基礎上，這時候就要開始問比較深入也比較專業的問題。這個階段也考量著業務有沒有做功課，當我們談一個商品時，如果客戶竟然懂得比業務還多，這場談話就很難繼續下去了。基本上，業務必須對自己銷售的產品最了解，並且提出對客戶來說比較專業的問題。

「貴公司的空調系統是美規還是歐規？在維修保養方面是每月定期維護還是專案特約維護？」「你的保單是哪一種？是儲蓄型保單還是醫療險保單？」

這一階段的問題，直接就是站在你將銷售的商品角度上，去探究客戶有哪個部分是你可以切入的，包括是否現階段的產品老舊，你可以提供新的？或者該公司過往的規劃中少了某個環節，這部分你可以提供的？

在 SPIN 銷售法中，不一定要跑完整個流程，許多時候，當問到探究性問題時，就可以直接切入實務的商品細節確認了。特別是一些較小型的交易，好比說買一雙鞋子，可能只要問一問要在什麼場合用到？若是假日慢跑，就推薦慢跑鞋，登山要用的，就推薦專業的登山鞋等等。

然而對於比較複雜的，包括金額較高或是必須特別說服的，好比要說服對方加買新的保險，或是建議公司更換新的系統，這時候就要進入下一個階段。

» I: 暗示性問題（Implication Questions）

如果在銷售的過程中，客戶並沒有很大的意願要買產品，或者他的選擇性很多，不一定要選擇我方的產品，這時候，為了刺激對方進入想要購買的心境，就要提出暗示性問題。

「你有沒有想過，現在我們都還年輕，身體都健康，保單

比較少派上用場。但是十年後、二十年後呢？到那個時候就算你想加保，年紀大了，保費變高，甚至有些保險公司不願意承保怎麼辦？」

「地球的氣候越來越極端了，有沒有發現最近幾年，各種異常的天候現象頻繁出現？貴公司現階段的塔臺線路設備還可以使用，但是一旦發生突發狀況，現有的設備可以因應嗎？」

一開始的談話，業務上處於「有求於人」的狀態，目的是希望客戶願意買單。但是基本上客戶是處在好整以暇、不一定要交易的狀態。

當暗示性問題的出現，卻可能翻轉這樣的情境，一下子客戶心中有了警訊，也因此產生了「需求」，他想要解決一個之前沒想過的問題。這時候，業務因勢利導，要進入下一階段。

» N: 解決性問題（Need-payoff Questions）

前面提出了暗示性問題，業務此時已經成功引領客戶去想到一個新的煩惱，接著當然要提出「解藥」。如果只是講出危機卻無法解決，那就是無效的恫嚇。好比說：「你知道嗎？隨著地球暖化，海平面不斷上升，可能幾十年後海岸邊的設備就會被淹沒了，這時候該怎麼辦？」

客戶問你怎麼辦？結果你說這種事無解，除了撤離別無他法，於是客戶心中就會冒出：「那你講這幹嘛？」

　　真正的解決性方案，其實應該早就放在你的口袋裡，在和客戶聊天，目的是要勾起對方的興趣。隨著客戶問：「那怎麼辦？」時，你就可以從口袋撈出一張新款的型錄，向客戶介紹：「這款設備通過最新的多國認證，特別是日本認證，你知道的，日本多地震，所以對於設備是否禁得起災難考驗特別重視，本公司正就是這款設備的臺灣獨家代理。」

　　除非對方不認同你的暗示性問題，覺得「對啊！你說得都對，但是 Who Care ？」若是如此，那麼解決性問題就暫時無法派上用場。這個時候就必須想方設法再彈出其他的暗示性問題（當然，還是要和自己要賣的商品有正向連結），最終持續進行 SPIN 流程，直到客戶表情變得專注：「的確，這是個問題，好吧！你的解決方案說來聽聽。」

就算對方要離開，也可以問句讓他留下

　　透過 SPIN 法，經過各種的磨練，特別是對自家產品應用要非常熟悉，各種規格、術語要背得滾瓜爛熟，要知道，如果一項資訊你知道、他知道、大家都知道，你講出來就沒什麼了不起了。例如你講得出現在市面上有哪幾種保單，但是這個你知道，客戶也知道，就不算特別專業。

　　但是如果你對各種精算數字可以琅琅上口，例如臺灣一

年有多少百分比的人罹癌、平均住院花費多少錢、這幾年生病的年齡層下降程度，以及財政部最新的保險命令布達……等，當你可以把這些讓人一開始聽起來「霧煞煞」的東西，用很熟悉、很流利的方式講出來，就會讓客戶產生驚奇甚至崇拜，當對方開始覺得你很專業時，你就很容易可以進入下一步的產品行銷了。

然而，前面講了這麼多，讀者不要忘了一個前提，那就是要先有「S」（情境性問題）才有後面的 P、I、N。舉個例子，有個大學畢業生，他自認擁有十八般武藝，語文能力強，學校成績也不錯，他準備了一份厚厚的圖文並茂的履歷表，興致勃勃的跑去一家公司面試，結果還沒開始準備自我介紹對方就說：「對不起，我們已經找到人了，不好意思，害你白跑一趟。」這樣是不是很「殘念」？準備再多的資料都白準備了。

在業務拜訪時，有沒有可能碰到這種情形呢？連一開始的「S」都無法進行，接著只好黯然低頭轉身就走。且慢！一個好的業務絕不是如此，如果你就是那個業務，你該怎麼辦？怎麼用問句起死回生呢？讓我們進入這個情境吧！

是的，對方可能說：「對不起，我們公司已經有除濕設備了，不需要買新設備。」一個真正厲害的業務高手，就是可以起死回生的業務，第一眼就碰到軟釘子，並不代表案子就沒希望了，此時只見業務高手仍站在原地。

「是的，我知道貴公司已經有除濕設備了，事實上，現代大部分公司都已經有這樣的設備了，只不過他們都沒有發現一個嚴重的問題。方便我耽誤幾分鐘與你分享嗎？只需要幾分鐘，如果您沒興趣我隨時可以走人，貴公司也沒有任何損失。」

就這樣，對方被說服了，願意給這個業務高手「幾分鐘」時間，於是他抓住了這次機會，重新進行了 SPIN 流程。

最終，他成功吸引了這個客戶，甚至原本和他談事情的經理，決定把其他部門包含廠長都找來一起聽。後來這家公司雖然沒有直接購買設備，但是決定採購一批有助於維護的周邊輔助設備。經過一年後，這家公司就開始陸續汰舊換新，採用業務高手販售的設備了。

如果當初這個業務一被拒絕就轉身離開，就沒有後續的生意了。所以 SPIN 很重要，但不一定要食古不化，一定要「按順序來」，以上面這個案例來說，這位業務高手一開始切入的不是「S」，而是直接切入「I」。他直接提出了暗示性問題，讓對方產生了興趣。當然，之後他正式進入會議室和對方高層談生意時，又會回復到 SPIN 的問話流程。但是關鍵時刻是他懂得先切入「I」，挽救了局面。

以上是一種極端的狀態，也就是一進場就面臨拒絕時，透過適當的問句，可以讓局面反轉。但多數的時候，我們不會遇

到這麼極端的狀況，相反的，客戶往往都是禮貌的坐在那裡，想要聽聽你葫蘆裡賣的是什麼藥。

如同我們前面強調過的，銷售不是請客吃飯，客戶跟你非親非故，他的時間寶貴，也不想浪費太多時間在你身上。所以很多時候，講話的氣氛就是：「好吧！我已經坐在這裡了，有話快說，但是請講重點。」

所以接著我們應該就直接講重點嗎？當然不是。試想，假設你今天有一個保證可以提升肝功能的保健商品，但是客戶急著要走，於是你趕快講重點說：「我這邊有一個保證可以提升肝功能的保健商品你要不要？」

你以為客戶就會因此停下來嗎？不會，他心裡會想著：「又來了，又是一個賣膏藥的。」然後禮貌的站起來跟你握握手，表示他有事要先走了，之後你就再也見不到他了。

因此，雖然時間寶貴，但是在講重點之前，我們還是要盡量依照 SPIN 的流程來問問題。那麼，如何在 S 階段就抓住客戶呢？

問句搭配七字箴言

當客戶的時間很趕，並且已經表現出不耐煩的態度時，想要在 S 階段就抓住對方，其實有些兩難。

　　一方面，你不可能在有限的時間內讓對方充分了解產品的重要，二方面，你若是花太多時間，客戶都要你講重點了，你卻還絮絮叨叨的一直講，只會惹對方反感。

　　那麼這時候該怎麼做呢？首先要認清一件事，客戶說他很趕，事實上並沒有真的那麼趕。若是真的有什麼十萬火急的緊急大事要他處理，他早就直接趕人了，甚至根本就不會出現，而是請個祕書告訴你：「對不起，我們發生緊急狀況，無法接待您。」所以客戶並沒那麼趕，重點只在於，他為什麼要花時間在一個推銷員身上？

　　所以這時候，你該怎麼讓對方願意繼續和你交流呢？第一個關鍵，要適時的秀出某些王牌，可能是你的資歷，你曾經幫百大企業做過成功的設備更新；也可能是你掌握到某些情資，如：「你知道嗎？立法院剛剛通過一條法案，可能跟貴公司的營運有關。」於是正式進入業務談判桌。

　　這時候，比起介紹商品來說，更重要的還是要讓對方適時把焦點導回「自己」，因為對所有客戶來說，他關心的永遠不會是商品，而是自己的問題。唯有當商品和他的問題連結，對方才會持續關心。

　　除了適時展現自己的專業，加強客戶對自己的信任外，在談話中，有個「七字箴言」可以經常搭配問句使用，這七字箴言就是「**也就是對你來說**」。

基本的模式如下：

1. 先提出一個問題。
2. 提出一個對應的想法。
3. 然後用「也就是對你來說」做連結。

舉例來說：

1. 你知道嗎？臺灣已經邁入老年化社會，你能想像我們的未來嗎？
2. 國民健康署估計，到了 2026 年，65 歲以上人口會占總人口 20％，臺灣將邁入「超高齡社會」，每 5 個人當中就有一位老人。
3. 也就是對你來說，2026 年你已經年過 65 歲，有沒有想過那個時候你的身邊周遭有誰陪著你？

透過「也就是對你來說」，原本一件看似和我們無關的事情，瞬間變成了「自己的事」。特別是由於這件事以前沒有想過，所以現在一旦變成「自己的事」，客戶心中難免會有恐慌、疑懼。這時候，你就順勢提出「還好，我們公司有預知這種情況，已經針對像你這樣的不婚族，提出了解決方案。」

「『也就是對你來說』，若透過這個方案，當你來到 65

歲的年紀時，就能比較無後顧之憂的過生活。」

　　假想你和客戶原本站在一條線的兩端，客戶本來轉身想走了，你為了要挽留，喊了他一聲，讓他留在原地。但如果沒有後續，客戶終究還會轉身就走。這時候，你透過一次又一次的問題，並結合這句「也就是對你來說」，不斷的讓客戶好奇，也不斷的讓客戶有危機感，願意想多聽一點。

　　於是，你和客戶從原本站在線的兩端，現在雙方的距離越來越近。終於，他願意認真聽你講了，最後你拿出產品說明書，後面是一張訂單。

　　「所以，我做個結論，這個商品可以保障你往後的二十年甚至直到更老，都有個可靠的依賴。過程中如果有任何問題，我們公司身為臺灣資深的保險公司，都會隨時提供諮詢。」

　　「也就是對你來說，這是個完全可以解決你原本所擔心有關的未來問題。」

　　「那麼，我們來簽約吧！先付第一期保單，你要付現還是刷卡？」

第十四章 心錨與問句開心術

什麼是開心？當客戶買到心愛的東西，臉上堆滿了笑意，這是一種開心。但是開心還有另一種含意，那就是「打開你的心房」。

很多時候，業務與客戶應對時，中間靠的是心理學。然而，心理學在此不代表詐術，也不代表任何虛假的意思，只不過我們的內心本來就是充滿著不確定性，透過心理學，一方面知己知彼，一方面也讓好的東西得到內心真正的認可。

心理學是一種心理交流，而談到交流，自然還是要靠問句。

心錨影響人生

人不會讓自己處在被說服的情境，最重要的決策往往還是要自己說服自己，所有成功的銷售中，話術只是媒介，攻心術才是王道。

　　這裡要介紹一個很重要的概念，那就是「心錨」。

　　如同大家都知道的，當船停泊的時候需要下錨，這個錨讓船固定在一個地方，儘管大海茫茫，但是只要有錨在，船就會停留在一個地方。

　　通常船停泊的地方，都會是安全的港灣，因此下錨之處，就是安全之處。然而，若下錨之處是個髒亂的漁港，好比說為了躲避颱風，勉強找個地方停靠，那麼下錨之處在哪裡，船就被固定在哪裡。

　　我們的腦袋就像茫茫的大海，但是如果有個錨將思緒停泊在某個地方，我們的思維就會受到影響，這就是心錨。

　　舉個實際的例子，在國外有研究機構做了心理測試，他們持續餵狗吃肉，在狗進食的時候，還特別搖鈴。這時候，研究人員正在為狗設定一個心錨，就好比船停泊在某個碼頭，擁有某種印象，因為錨就下在那裡。這些狗每當被餵食時，就被下了一個錨，讓狗擁有某種印象，這個印象就是搖鈴聲。

　　久而久之，後來即使沒有真正拿出食物餵狗，研究人員單

單只是搖鈴而已，這些狗就會開始不自覺的流口水，進入想吃東西的情境，這就是有名的「巴夫洛夫制約」，也就是典型的定錨實驗。

這裡提到兩個術語，一個是「心錨」，一個是「定錨」，以前例來看，心錨就是指搖鈴聲，定錨就是將「搖鈴聲」與「餵食」連結在一起的動作。這裡是因為實驗刻意的安排，但是對人類來說，如果不透過實驗，可以製造心錨嗎？其實心錨的設定許多人都會，並且可能早在不知不覺中，自己就已經幫自己設了心錨。

例如某個運動細胞很好的小朋友，從小在運動場上一展長才。之所以愛上運動，是因為某個機緣，可能是看到漫畫書學習，或者和朋友開玩笑隨便做的動作，總之，從某次運動開始，只要他得到勝利，就會比出某個奇特的手勢。

從小學到大學，一直到出社會變成職業運動員，只要是參加比賽得到好成績，他都會比出這個手勢。其實這就是他強而有力的心錨，只不過他自己不知道。到了後來，任何時刻只要想要激勵自己，他就會比出那個手勢，那個手勢會讓他感到更強大，感到與「勝利」的連結。

這雖然是舉例，然而實際上在運動圈裡，許多的知名運動員，好比說籃球之神麥可喬丹，或是泳將飛魚菲爾普斯，他們都有自己獨特的手勢或動作，也就是個別的心錨。雖然不代表

比那個手勢接著就奪標，但可以肯定的是，每當他們比出那個
手勢時，運動員本身就得到激勵，更可以迎向挑戰。

　　說起心錨，不是只有正面心錨而已，就好比前面說過的，
錨下在哪裡，船就停在哪裡，如果將船錨下在髒亂的港邊，這
就算是負面心錨了。在我們的生活中，負面的心錨也很多，舉
一個常見的例子，很多夫妻吵架為何經常越吵越凶，導致後來
成為長期怨偶，甚至最終以離婚收場？其實就跟負面心錨有很
大的關係。

　　一開始可能只是因為雞毛蒜皮的小事，誰衣服亂丟、誰都
不關心誰之類的，只不過當他們吵架的時候是在床上。畢竟夫
妻兩人都工作一天了，帶著疲憊的身軀，晚上就想倒在床上。

　　偏偏這時候夫妻倆為小事吵將起來，今天吵、明天吵，
雖然每次都是小吵，可能吵個十幾分鐘，所謂「床頭吵，床尾
和」。但不幸的是，他們因為經常吵架，並且每次都是在床
上，久而久之，這張床就變成他們吵架的連結了。

　　也就是說，即便平常沒有在吵架，但是只要一看到那張
床，內心就莫名其妙湧起不舒服的感覺。他們不知道這是因為
「負面心錨」，只知道每天都不快樂，因為每天回家都看到
床，並且跟床要共處好幾個小時。最終，他們的不快樂來到極
點，後來雙方就離婚了。

　　多可怕的心理鏈結啊！

所以人們雖然號稱是理性的動物，但其實我們在許多時候都會受到心理制約。本書並不是在談心理學，然而在業務應用上，心錨的應用卻非常普遍，結合問句，可以充分影響銷售的結果。

心錨可以用不同方式來做連結，例如前述的搖鈴聲，是透過聽覺連結；夫妻吵架的負面心錨，則是透過視覺連結。此外，還有觸覺、味覺、嗅覺等，都可以形成心錨，例如一聞到麵包香，就想起媽媽的溫暖，然後整顆心也暖起來。

以問句銷售來說，最常應用的心錨，主要是**視覺**與**觸覺**。

結合心錨，簽下訂單

如何應用心錨，改變銷售的方向？是的，銷售是有方向的，例如一開始談話，客戶其實是抱持著沒興趣的，甚至帶有一點點敵意。比較好一點的情況則是保持中立，但很少談判交易一開始客戶就要買的，如果是那樣，業務只要介紹商品及價格就好。一般來說，客戶的心向，需要業務來轉向。於是雙方從零開始，業務可以透過心錨，讓客戶一點一點從原本的反對態度，慢慢朝願意成交邁進。

在業務定錨應用上，有兩種常用的方式，一種是優勢定錨，一種是情緒定錨。

優勢定錨，就是指讓客戶內心不知不覺將你的產品與優勢連結，我們可以看以下的例子。

業務：「這位小姐，你心目中認定的優良學習教材是怎樣的呢？」

小姐：「我希望這個教材可以書籍搭配影片，在內容播放時，至少要做到說理清晰，有著適當的節奏。」

業務：「你真是內行人！的確，坊間許多的教學影片有自我感覺良好的缺點，影片中講師自己講自己的，節奏太快，沒有顧慮到學員的吸收度，並且影片往往經常和書本無法搭上。」

業務一邊這樣講，一邊擺出一個手勢，暗示這些缺點都是別家的，然後接著說：「好的教學影片應該要有個清楚的邏輯，配合學員的上課吸收進度，能夠循序漸進，並且講師的聲音要清晰，重點的地方要適時重複……」

業務一邊這樣講，一邊擺出另一個手勢指向自己，意指那些優點都是「我方」具備的。

之後透過一問一答，以及業務針對客戶的說明，雙方交談了半小時，最後準備要成交了。

業務問：「小姐，好的教材可以幫助我們很多，雖然價格不貴，但是畢竟品質不能馬虎。要選擇最優良的（業務比出指自己的手勢）、最有信譽的（業務比出指自己的手勢）、

並且要可能做到完整的售後服務（業務再次比出指自己的手勢）。」

　　整場談話下來，業務給這位小姐下了一個心錨，只要挑選好的教材，就是要這家公司。因為在她心中已經被畫上一個等號，好教材＝這家公司，同一個時間，她也被下了一個負面心錨，壞教材＝其他公司。

　　所以最終，除非她不買教材，否則一定買這家公司的。

　　然而一般的業務銷售，當然是老王賣瓜、自賣自誇，會介紹自家的產品好是理所當然的，除非交流過程的話術一流，絕對成功的為客戶定錨，否則單單是介紹自家產品好，即使再搭配手勢，力道可能還是不夠大。這時若能搭配情緒心錨，就可以讓成交更加順利。

　　所謂的情緒心錨，就是要當客戶處在快樂的情緒時，設定一個可以和這情緒連結的心錨。好比說前面那個小姐，業務一邊向她介紹產品，也會一邊和她聊天。（為了方便說明，這裡假定業務也是女性。）

　　業務：「所以你家那個小寶貝也挺頑皮的喔？」

　　客戶一邊講到自己小孩的趣事，講到盡興處，和業務兩人一起笑到彎腰。趁此機會，業務過去一邊拍客戶的右肩，一邊和她一起笑。

　　業務：「帶小孩很辛苦喔！你這個媽媽也真厲害，你是怎

麼帶的啊？」

　　此時客戶開始說著自己帶小孩的甘苦談，講到她如何讓小孩考試得第一名，業務此時又上前拍拍她的右肩：「辛苦你了，你真是一位好媽媽！」

　　於是邊聊天，每當客戶講到開心之處，或者覺得自己值得驕傲的地方，業務都會一邊陪她融入情緒，一邊過去拍拍她的右肩。

　　最終，還是要進入談合約的階段。

　　業務：「所以小姐，我們這套教材真的對你會很有幫助，小孩一定會很喜歡的。而且我們現在正好在特價期間，今天只要付訂金就好。不知道你要刷卡還是付現？」

　　此時如果看到對方露出了猶豫的眼神，趁客戶還沒說出「我再考慮看看」時，業務上前輕輕拍了拍她的右肩，說：「小孩子的學習不能等，為了孩子就買了吧？」

　　這一拍，客戶的內心突然感到一陣振奮，心想：「我在猶豫什麼呢？這麼好的產品有什麼好考慮的？」

　　於是這個心錨設定成功了，在關鍵時刻，讓客戶願意下單。當然，心錨的設定，要依對象依場合而訂。以前述的例子來看，如果業務是為男性，而對方是位已婚女子，那麼就不適合貿然去拍對方的肩膀，嚴重的話搞不好會被告性騷擾。

　　基本上，若是深入分析，每個人都有不同的屬性，有人是

偏視覺型的，有人是偏聽覺型的，實務上，當然我們不可能與任何人談話前，都經過分析才開始對話。特別是業務工作者，每天都要面對許多的陌生人，最常用的方法還是視覺型心錨，包括男孩追求女孩，也可以用這招。

好比男孩問女孩：「你喜歡的是怎樣的男孩？」

女孩說：「誠實值得信賴的。」男孩指指自己。

「體貼善解人意的。」男孩指指自己。

「聰明有自己想法的。」男孩指指自己。

最終是否可以追到女孩，還要考慮許多要素，但是至少在過程中，透過問話與心錨，男孩已經為自己加了許多分。

用問句為自己加油

實務上，心錨不只可以針對客戶，更可以針對業務自己本身。所謂「勝敗乃兵家常事」，被客戶拒絕了沒什麼，下一場更努力一些就好了。不過說是這麼說，光這樣自我打氣還是不夠的，這時候若能搭配心錨，激勵的效果會更好。

好比說，有人隨身帶著父親的相片，每當看到相片時，內心就會興起自我勉勵：「爸！你放心，我會努力不讓你失望的！」這是一種視覺心錨。或者說，有人的隨身 MP3 裡存著《We are Champion》這首歌，每當碰到挫折就放給自己

聽，然後就可以再振奮起來，這是一種聽覺心錨。

其他像是前面說過的，運動員有固定的手勢，每次做這個手勢就能夠振奮自己。我所知道的許多頂尖業務員也都有這類的習慣，他們都有個「致勝手勢」，有些甚至是團隊手勢，由主管帶領著全體團隊共同做某個手勢，為自己的出征打氣。

在每個人的成長路上，有著不同的遭遇，有時候難免建立了負面心錨。例如可能有人出生在暴力家庭，父親有暴力傾向，每次喝酒就打媽媽、打孩子，後來孩子成長後，每次看到酒瓶就會內心難過。

我們無法改變過往的記憶，更不需要故意假裝沒發生過這件事，我們可以做到的，是用更強的正面力量來蓋過負面。並且，若可能的話，要試著讓自己重新去面對那可怕的事物。

好比說，酒瓶帶來不好的聯想，但如果因此就刻意不去看酒瓶，反倒之後只要看到酒瓶，其負面影響的力道更大，還不如勇敢去面對酒瓶。

有個朋友他就刻意找來幾個酒瓶，然後把酒瓶設計一下，和人偶結合，並在人偶後面綁上一些牌子，例如「怯懦」、「逃避」、「偷懶」，然後把這些酒瓶擺在家中一個鋪了墊子的空地上，每當他覺得自己就要怠惰時，就試著在家丟小皮球，擊倒那些「怯懦」、「逃避」、「偷懶」。後來他只要看到酒瓶，就覺得這些是必須打敗的惡習，但不會因此帶給他情

緒上悲傷或退縮的反應。

當然，最好的方式還是要建立正面的習慣、正面的心錨。所謂習慣，當然是需要次數的，一開始往往是刻意的，並且效果不佳。例如，你不可能今天想要建立一個心錨，規定自己只要比某個手勢就代表勝利，然後明天去比賽就因此振奮自己。心錨必須融入內心，那是需要時間累積的。心錨的設定必須要符合稀有性、方便性和正面連結性。

好比說有人設定自己每當感到快樂振奮時，就要用右手推眼鏡一下。然而這個動作可能平常太常出現了，例如流汗臉濕，眼鏡會滑下來，這時候也會用手推一下眼鏡，有時候在想事情時，也會不經意地用手推一下眼鏡。如此，這個心錨就不是心錨了，因為有太多的情況會推眼鏡，導致無法直接跟快樂振奮連結在一起。

或者我們看到在國際比賽的場合中，有的隊伍在勝利進球後會表演複雜的動作，對團隊來說，那個動作會帶來大家的振奮感。然而對個人來說，如果一個動作有非常麻煩的流程，要先彎腰然後翻跟斗之類的，那就不是好的心錨，畢竟總不能在和客戶談業務時，忽然來個翻跟斗吧！

另外，我們設定心錨時，必須真的有正面聯想，不是隨便發明一個手勢就用，這樣少了心理連結，表現起來會「乾乾的」，缺乏感情，也就無法真正帶來心錨連結的效果。

　　說起來，心錨的效用仍需常和問句連結。

　　在與客戶對話時，心錨的搭配最好結合問句，因為第一，當你問問題時，客戶比較會聚焦，畢竟與人講話對方偶爾會閃神，就算你擺出心錨姿勢他也看不見，不過一旦我們問了一個問題，客戶的腦袋就會專注在那個問題上，從而可以看見你設的心錨。

　　第二，心錨的存在，最終要連結到客戶的內心決策，而每個決策都要靠問句來啟動，例如好與不好、這款是你要的嗎、你認同我的說法嗎……，當牽涉到內心的抉擇時，再來連結心錨，會有最好的效果。

　　而在與自己對話時，也常常需要心錨。人們或許不自覺，但每當碰到事情時，我們都會和自己內心對話。最常問的問題，例如碰到不順時，內心不免會自問：「我怎麼那麼倒楣？」

　　這其實是習慣問題，我們不能改變事情的發生，卻可以改變面對問題的態度。這需要練習，一方面經常用正面對話，一方面結合對話，要常用正面心錨。好比說，同樣面前放了一杯半滿的水，悲觀的人習慣說：「只剩半杯水了。」樂觀的人卻說：「好棒！我還有半杯水。」

　　同樣的，面對業務競爭，每個月到了月中，悲觀者總會說：「糟糕，我只剩半個月可以衝業績。」樂觀的人卻會說：

「還有半個月可以拚，我要加油！」

　我自己的習慣，如同我前面所說的，我有一個人生首要的問句，我總會告訴自己：「太棒了！你為何會碰到這件事，這對我有什麼好處呢？」

　這時候我也會搭配我的常態動作，在準備拜訪下一個客戶時，我比個再出發的手勢，然後振奮自己心情，快樂的出門。

第十五章 導入需求導入成交

　　每個人在這世上，都會有各種需求。業務有銷售的需求，希望客戶買產品；小孩子有被愛的需求，希望父母多關心自己一點；老師也有需求，希望自己的理念可以讓更多人接受。

　　特別是對業務來說，他要面對雙重需求。第一重，他本身有銷售商品獲得報酬的需求；第二重，他要面對的是客戶的需求，或者客戶若是沒發現需求，他必須要去導引出那個需求。

　　常見的狀況有：

- 業務把第一重需求擺太重要了，一看到客戶就一副希望對方趕快掏錢的模樣，結果越心急越拿不到訂單。

- 業務把自己的需求放一邊，知道如果滿足了客戶的需求，就能滿足自己的需求。然而，客戶的需求是什麼，卻不一定能掌握得到。

- 知道客戶的需求，但客戶偏偏不想透過買我的商品來得到。那麼身為業務，就要扭轉這個狀況。

　　基本上，業務們若是無法成交，多半是以上三個關卡沒能突破。而要想突破這些關卡，就要透過問句銷售法。前面我們

講了比較多有關問句的心法，本書最後將分享七大問句法，在此之前，讓我們再來分享一些實戰的技巧。

第一句問話就要有效果

需求在哪裡？需求藏在客戶心裡，甚至他自己都不一定知道，因此需求必須要問出來。本書所介紹的許多方法，比較適合一對一面對面（已經約好詳談的對象），而不適合路上隨機式的陌生推銷銷售。

理由在於，問句是建立在持續的溝通上，如果是非約定的見面或交談，好比我們接到電話，問我們要不要辦信用卡，因為一開始的內心排拒感過強，較難讓溝通持續下去。然而，一旦可以突破最初的關卡，甚至只要能讓對方願意停下來聽我們講第二句話，就有機會持續靠問句銷售法，導引客戶進入銷售情境。

在實戰業務培訓時，如何在面對陌生人時，就可以讓對方較容易與我們繼續談下去呢？當然，若你是俊男美女，成功的機率可能會更大，但在此假定大家都是平凡人，而非什麼男神女神。

有一個很適合的練習方法，那就是想像你就是那個被銷售的人。想一想，如果有人跟我們講話，什麼會是第一句就抓住

我們內心的話呢？答案第一是切入我們有興趣的話題，第二是和讚美我們有關的話題。

　　然而，一個陌生業務員其實並不瞭解我們，簡單的讚美我漂亮、穿著得體，這只是基本禮貌，要再深入就顯得有點虛偽了。當然，在真正的賣場上，還是有許多人會因為業務員的甜言蜜語而感到心花綻放，但是這不能當作通則，所以最好的切入法，還是針對有興趣的話題。

　　在一開始資訊不足的情況時怎麼辦呢？老實說，這時候難免要碰碰運氣，畢竟我們沒有讀心術，不會一下子就知道一個陌生人會喜歡什麼。因此，第一句話要找「大家可能共通關心的事」，基本上，大家共通喜歡或關心的事有以下四個主題：金錢、健康及外表、感情（包含愛情及親情）以及奇蹟。因此進行陌生開發時，往往第一句話若可以「留住」對方的腳步，就能做進一步產品說明。以下是這四個主題的切入點：

- 金錢：你想要賺更多錢嗎？你想要讓你的財富增加嗎？你覺得你的錢夠用嗎？想要改善資金現況嗎？你想把握機會，成為百萬獎金的得主嗎？

- 健康及外表：你想要活得更久嗎？如果你有健康困擾，如果我這邊有改善良方，你願意試試看嗎？想要讓你的外表更迷人嗎？

- 感情：你想要給家人更多的關心嗎？你的另一半對你

滿意嗎？你想要有機會認識更多異性嗎？

- 奇蹟：任何讓對方覺得新奇的，都算奇蹟。你聽過火烤冰淇淋嗎？你聽過有人死而復生嗎？你有沒有聽到最近沸沸揚揚的一個傳說？

通常一個人或多或少都會對以上主題感到關心，當然，就算是可能勾起興趣的話題，也要搭配場合才行。例如你不能在大馬路上隨便看到一個人，就問他有沒有健康困擾，但如果你是在醫院周邊，那裡進進出出的許多都是有健康煩惱的人。

此外，在校園附近有許多關心孩子的家長，在金融機構附近有許多比較想發財的人，以及在一些逛街場合（如西門町）可能有許多正在尋找異性的人。

若能結合當時的情境氛圍，適時提出這些人們大多數都有興趣的話題，就可能可以吸引一個陌生人的焦點，讓他繼續聽你說。

在業務培訓場合，我會使用一個「曼陀羅九宮格法」，與陌生人聊天需要訓練，最好一開始就準備許多話題，因此，針對自己的產品，不論是賣保健產品、賣汽車、賣房子都一樣，都適用「曼陀羅九宮格法」。

首先，在自己的筆記本上畫出一個九宮格圖，如下

　　每頁畫一個圖，然後在每頁的圖中心寫一個主題。例如第一頁寫：客戶為何要跟我買保健品？第二頁寫：我的保健品有什麼特別的競爭優勢？依此類推，想越多問題，就代表考慮越周詳。並且針對每個主題，想出至少八個答案，直到填滿九宮格為止。

　　如果自己都想不出理由填滿九宮格，客戶為何要跟你買東西呢？所以用心想，有時候會想出令人驚喜的答案。

　　例如我有一個朋友就想到「我要吃保健品，因為我要有健康的身體，才能照顧好孩子」，後來他就專門去學校附近，針對剛好牽著小孩子手的家長推銷，每次一開口都問：「這位媽媽，你的小孩好可愛喔！有一個對你以及對孩子都好的商

品,這是簡介請您撥冗看一看。小孩子需要健康的你陪伴,對吧?」

他這麼做,的確讓他的傳單有更高的到達率而沒有被丟掉,也因此真的有更多成交的機會。

基本三問句以及銷售七問法

任何的銷售,不論是如前述說的街上隨機向陌生人銷售,或者是在正式場合約客戶見面的一對一銷售,根本要件就是要抓住對方的需求。基本上,為了抓住需求,身為業務都要問自己三個問題:

- 顧客為何要買?
- 顧客為何要跟你買?
- 顧客為何要持續跟你買?

這也代表三種不同的銷售境界,針對這三種情況,如何透過問句來影響客戶,前面都有介紹過,這裡再來複習一下:

第一種情況,如果客戶沒有需求,你要創造需求。這需要靠「INCOME 問句溝通法」從零開始,導引客戶從沒有需求到有需求,或者是有需求,但現在沒有想要滿足這個需求,其中最常見的因素就是沒錢。舉例來說,客戶原本沒有想要買車,但是透過問句,你讓客戶覺得自己想買車。

業務：「張先生，你每天搭大眾運輸工具往返，至少要轉兩趟車吧？上下班時間還要跟大家一起人擠人，有沒有想過開車比較方便呢？」

張先生：「我當然知道有車好，但是我哪有錢買車啊？」

業務：「原來您擔心的是錢的問題，如果我能幫你規劃好如何買車，甚至最後你發現買車其實比你每天搭大眾運輸工具還要省錢，你想聽聽看嗎？」

第二種情況，雖然客戶決定要買了，但是他要挑選。他可能有很多選擇，為何要跟你買呢？這時就需要「心錨設定法」，設法在與客戶交談的過程中，讓客戶提升對你的印象，於是他決定如果要買這個產品就是要找你，而非找其他廠商。

第三種情況，客戶決定買了，也真的跟你下單了，但這還不是業務的最高境界，業務的最高境界當然是希望客戶不只跟你交易一次，而是要長長久久交易，甚至還要轉介親朋好友都一起找你交易。

這時候，業務銷售的境界就不能只是銷售商品，而是銷售你自己了。如何讓客戶不只是幫你當成業務員，而是把你當成朋友、當成專家，當成「非你不可」的對象呢？這也是透過問

句，包括「心錨法」，讓自己成為客戶一見到就喜歡的人；包括透過「FORMDH 銷售關鍵法」，充分和客戶做細部交流，讓他和你關係更親密；也包括透過在交流的過程中，就已打下「未來的關係」。例如買保健食品，不只是為了現在，更為了將來的健康；買保險，不只為了現在有保障，更是為了終身有保障；其他包含買冷氣，不是只為了提升家中現在空調，而是關心全家人的空氣呼吸健康。

每當這些交易成功時，客戶買的不是產品，而可能是「觀念」、「系統」乃至於「關係」，例如保險就是買關係，一旦買保險，保險業務員就是終身的保單守護者，前提當然是該業務員要真的能做得長久。

以上是基本三問句，接著還要顧客內心七問句。任何一個盡職的業務，在做銷售前都要先想好這七個問句，以及當客戶提問時自己該如何回答？

假定客戶現在就站在你面前，那他心中一定有以下七個疑問：

1. 你是誰？
2. 為何我要聽你說？
3. 你說的這個對我有什麼好處？
4. 你說的是真的嗎？
5. 如果發生狀況該怎麼辦？

6. 跟競爭對手比較，為何要選你？
7. 為何要現在立刻馬上下決定？

理論上，每個業務在面對客戶前都要胸有成竹，不可能被客戶一個問題就愣在那裡，否則就代表這個業務根本沒有做好準備。

可以試著以自己同事做練習，當每天出發拜訪業務前，業務們先彼此練習交流，盡量問對方各種問題，然後試著去提出滿意的回答，如果回答不出來，就請業務好好做功課吧！

在心中那「重複」的力量

接下來要介紹「讓客戶自己說服自己」的方法。

許多時候，客戶要買一個東西，決策過程是很奇怪的，不一定依循某個邏輯。正常來說，一個人一定是有了需求，所以才會買東西，好比說口渴了去便利商店買水，但絕不是因為去買了水才感到口渴。然而在這世界上，若一切都依循「口渴了才買水」的邏輯，全球經濟肯定會大蕭條，因為消費量將會大大的遞減。

透過業務力，我們可以讓銷售增加了更多可能。客戶會買水的原因有：

- 因為將來「可能」會口渴。
- 因為別人會口渴，我去幫他買。
- 本來不口渴，被提醒後有點口渴了。
- 雖然現在不口渴，但是等等一定會口渴，趁現在剛好經過便利商店，就進去買吧！
- 不確定口不口渴，但是買水反正有備無患。

買東西只是生活中的一件小事，實際上，消費者平常不會那麼關心。這時候，做為業務就扮演了重要的角色，可以提醒消費者應該要「消費」了。所以我們看電視廣告時，很多廣告也都採用了問句式的呈現法。好比說：

「你累了嗎？」（要不要來瓶蠻牛？）

「炎炎夏日何處去？」（何不來趟某某水上樂園？）

「打牌總是三缺一嗎？」（某某線上遊戲，讓你在家也能玩。）

不說你沒想到，我問了你就想到，這就是問話的銷售法。但是有些時候物品的單價比較高，不是單靠衝動型消費可以解決的，這時業務就要多用點心。

在問句銷售法上，有一個「3YES 法則」。假想我們是在多層次傳銷場合，正在推介一個很不錯的保健商品，客戶認同這個商品不錯，但是卻對於加入傳直銷有點猶疑，這時候，就

可以採用「3YES問法」。

「這位先生，你其實也覺得這產品不錯是吧？」

「YES.」

「我知道你對金錢方面有些疑慮，其實我們很多人一開始加入時也是這樣。相信你也是卡在金錢這關是吧？」

「YES.」

「但是一個好的東西，現在不買，錯過就可惜了是吧？」

「YES.」

「好，既然你很認同本公司的產品，實際上也只是卡在付款方式上。來！我告訴你一個好消息，事實上，本公司針對像你這麼重要的客戶，早就想到經濟上的解決方案了，我們和某某銀行有合作，提供了一個三階段信用付款專案。怎麼樣？符合你需要吧？」

雖然有點搞不清狀況，但客戶還是說了「YES」。

「那麼，這裡有一張合約書，先生就簽個名吧！稍後我們會協助你辦理銀行貸款手續……」

接著客戶就成功簽約了。

以上的過程並沒有詐騙的成分，也不是靠業務的甜言蜜語讓客戶簽約的，所有的思考邏輯，都是客戶自己認同說「YES」的。實務上，既然他會說YES，也表示說這整套買東西的邏輯，是可以導入結論，他最後願意買產品的，否則他可

以明確說「NO」就好。

這其實也是人們的思維方式，所謂重複的力量，今天一個人對一件事情還有質疑時，需要的是旁敲側擊的提點。這時候與其業務在旁邊碎碎念，或者不斷催促，還不如以問題來引導客戶的腦袋。當一件事被一個 YES 肯定後，就朝「願意購買」又邁進了一步。連續三個 YES，當然就非成交不可囉！

也可以讓客戶自己擴大需求

以上講的種種是標準模式，有些時候碰到對方一開始就擺明拒絕或不想談的時候，那麼這時用假設式的問話，也很有效果。

前面曾提到，美國有一位律師刻意用假設性的問話，導引一個毆妻犯自白。在業務實戰時，我們也經常用假設法。

假設法跟假想法不同，假想法是好比說面對想買車的客戶，讓他「想像」將來開這輛車的感覺是什麼。假設法雖然也是「想像」，但不是畫面情境式的想像，而是內心陳述式的想像。舉例來看：

業務：「你喜歡我們的保健食品嗎？」

客人：「對不起，我對保健食品沒興趣，沒有要買。」

業務：「我知道你沒有要買，我只是好奇，如果有機會買

保健食品，你會希望保健食品具備怎樣的功能？」

　　這是因為人們喜歡熟悉的事物，卻同時又被熟悉的事物所侷限；相反的，對不熟悉的事務可能會排斥，但是如果有機會，面對不熟悉的事物，又可以沒有心理壓力時（主要就是付款的壓力），那就比較可以放任自己內心的需求跑出來。

　　所以我們問話的時候，可以先站在對方熟悉的基礎上，再導引到不熟悉的方向。畢竟，通常我們介紹一個新商品時，對客戶來說是不熟悉的。

　　舉例來看，如果在商場上，有個業務突然跑來跟我說：「這位先生，你的未來有什麼願景？」

　　我的心裡一定會想：「你這個神經病，我又不認識你，幹嘛要和你聊未來？」

　　另一方面，更多的情況是，大部分人其實對未來並沒有一個明確的想法，突然間被陌生人這樣問時，一時間無法摸出頭緒，反倒形成尷尬的局面。但是如果先從過去問起，就比較有脈絡可循。我們還是以賣車來舉例，當客人來看車時，他可能只有一些模糊的概念，可能要買車，但不一定今天要買，也不一定真的非買不可。此時業務員可以透過聊天的方式，先和他聊聊：「你過往開的是怎樣的車？」

　　既然是已經發生的事，對方就一定講得出來，於是客人對他之前開的車侃侃而談，如性能如何、里程數多少……等

等。在這過程中間，業務員會專心聆聽，並且適時的導引出一些對方興趣問題。以此為基礎，再來導引出：「你未來想開什麼車？」

這時順應著之前脈絡，客戶就比較有個概念，可能會回答：「比較偏向買休旅車。」於是業務員就順勢介紹公司有哪些不錯的休旅車。當這樣的談話進行著，因為是循序漸進的，客戶就比較不會感到突兀了。

如果一個業務員只顧自己努力的介紹產品，但是卻無法深入對方的心，甚至被認為「這業務員好囉嗦」，那也未免太悲情了。

當然，觀念是共通的，但是對象卻可能千變萬化，任何一本書都無法百分之百一一列舉客戶的所有模式，但是至少會有個大範圍的標準可以參考，其中一個很常用的方式，就是「DISC 分類法」。

DISC 是由美國心理學家 William Moulton 建立的一個理論，專門用於描述心理健康的普通人群，常見的基本情緒反應。雖然人的個性有百千種，無法一概而論，但是依照該理論，大致上可以依照人的情緒反應，將每個人分成四大類。

基本上，一個人通常不會百分之百屬於某種型的人，例如某甲可能有 70％的 D 型人格，加上 30％的其他型人格。以業務銷售來説，面對陌生人時，如果能適時快速做出判斷，依

照經驗法則，一眼判別出這個客戶可能是屬於 DISC 的哪型人為主，那麼對於後續促進成交，就會很有幫助。其關鍵在於最開始交流的幾句話，業務要從對話的語氣和態度中，快速抓到對方的整體特質。

有關 DISC 的分析有很多，這裡簡單介紹一下，有興趣的讀者，可以自己研究相關的資訊。

D（Dominance）屬於支配型，這類型的人個性比較外向，比較對事不對人，做事講求俐落，重視時間，這種人經常擔任老闆或主管，帶給人壓迫感，做事比較目標導向。業務碰到這種型的人時要講重點，讓客戶很快抓住你要表達的事，如果講話拖拖拉拉的，這類型的客戶就會顯得不耐煩。

面對 D 型人的關鍵問話是「What」，他需要知道的是答案，給他答案就對了。

I（influence）屬於影響型，這類型的人本身就愛講話，有時候被批評是說得多、做得少，他們的特質之一就是認為要得到報償，就要先與人為善，所以非常愛交際，經常人未到聲先到。這種人愛聊天，業務不用擔心他不理你，但反倒要擔心聊太久卻聊不到主題。

面對 I 型人的關鍵問話是「Who」，你認識誰，是不是個人物，「關係」很重要。

S（steady）屬於穩定型，有時候這類型的人比較內向，太愛為別人著想，和 D 型剛好相反，這種人經常對人不對事。有時候比較依賴，希望尋求支持，但是基本上跟誰都很好相處。然而缺點是往往決斷力不夠，比較難下決定。和這類型的客戶講話時，要試著引導他，循序漸進，讓他願意買你的東西。

面對 S 型人的關鍵問話是「How」，他可能表示他不會做，身為業務的你就教教他如何做吧！

C（caution）屬於謹慎型，第一個聯想到的就是科學家或工程師。你就想像這類人整天坐在電腦前，凡事就是問有沒有數據。他們的一大特點是對凡事都愛質疑，業務可以確定的是，你問的問題絕對會被他挑戰。然而被質疑也未嘗不是好事，因為他質疑就表示他肯聽你講，只要你分析得讓他心服，就可以成交。

面對 C 型的關鍵問話是「Why」，他問為什麼，你要胸有成竹一一應對，就可以一步步導向成交。

除了 DISC 分類法外，其他可以判別客戶類型的，還有依照視覺型、味覺型、嗅覺型……等等，總之，要是能先簡單判定客戶的屬性，再來進行業務交易，往往會更加事半功倍。

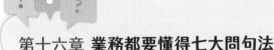

第十六章 業務都要懂得七大問句法

　　銷售是一門內心對決的學問。我們每個人都像一座城堡，平日大門緊閉。如果這世上沒有「行銷」這件事，城堡裡的人可能就只會等到裡頭的糧食快吃完了，才會打開大門，外出採購。但是業務卻來到城堡門口，要賣給你過往城堡裡沒有的東西。

　　當城堡的大門不開，業務的所有銷售就只是獨角戲。所以業務的第一步，就是要想辦法讓城堡大門打開，再之後，業務也不能強迫把東西運進城堡，畢竟城堡仍有守衛保護著。最佳的方法，還是要讓城堡裡的人自己走出來，心甘情願的把東西買進去。

　　而「問句」就是這個讓城堡大門打開的關鍵。前面已經介紹了各種問句的基本概念，最後，針對業務實戰，我們整理出業務的必勝七大問法。

業務必勝七句

　　業務七問，就是業務的七個基本問話模式，基本上，也符合業務與客戶交流的順序，從第一步「問親和」開始，到最終一定要「問成交」。

　　這七個步驟，業務每一步都要做踏實，並且具體的應用，包括在問答交流時，要把握住 INCOME 問句溝通法，以及結合心理戰，適時的下心錨等等。

　　先簡述七個步驟如下：

一、問親和

　　也就是先透過問句的方式，建立彼此的親近感，這類的問題可能和產品沒有直接關係，包含前面介紹過的 FORMDH 等六大問題。雖然和產品可能沒關係，但是卻與你「這個人」有關係，主要是要讓客戶喜歡你，願意與你分享更多的情報。如此，便可以進入下一個階段。

二、問背景

　　到了這一個階段，就是要問具體和產品相關的問題，但又不是講產品，作為第一問和第三問之間的連結。本階段是基

於第一問的基礎，也就是説，在前面你已經與對方有了基本的親近關係，然後才問進一步的問題。例如第一階段你問對方有幾個小孩，然後聊聊自己也有小孩，再簡單聊聊孩子的管教方式。在這樣的基礎上，再來問背景。

因為背景有關的問題，我們大部分時候都不會對陌生人透露，可是我們若要銷售產品，就必須知道更多的背景。例如我們要賣保健食品，要先了解這個客戶，他要養兩個小孩，以及照養年老的媽媽，也知道他在工廠上班，每個月收入 5 萬元，太太則是在菜市場賣菜……等資訊。

三、問痛苦

站在基本的背景資訊下，接著就要問實際與產品相關的事情了。每一樣產品，理論上都會對應至少一個問題，好比説保健食品，對應的就是身體不健康；至於汽車，對應的就是交通不方便。

那些被對應的事情，往往就是客戶的痛點，這時候，就要問到客戶的這些痛點。例如：「你的身體有哪些狀況，血壓正常嗎？如果現在數值還不錯，但是你已經快四十歲了，工作辛苦，難保未來不會有這方面問題，是否要現在就開始注重保養？」在這個階段，就是讓客戶聚焦在這些痛點上。

四、問放大

有了痛點還不夠，接下來的問話，要讓問題擴大，或者有另一種說法，叫做「在傷口上灑鹽」。

舉例來說，前面問到你現在的健康狀況，接著我們就可以繼續問：「你的母親已經七十多歲了，孩子也還在念小學，想像一下，如果十年後，你可能碰到的狀況，到時候你因為身體沒做好保養，每天在工廠操勞，身體操到不能負荷，但同時間最大的小孩也還沒大學畢業，最小的則還在念中學，家中仍需要經濟支柱。另外，說句現實的，那時媽媽的年紀更大了，可能有更多醫療方面的支出，你難道不會擔心嗎？」

擴大痛點後，本來客戶還沒那麼在意的，被你這麼一擴大，忽然就覺得要慎重考慮了。

五、問解方

若是已經傷口灑鹽灑夠了，最終還是要想方法解決吧！

所謂的解方有兩種，正好因應人類的兩大需求，一個是追求快樂，一個是逃避痛苦。客戶可能在身體方面要趕快保養了，所以你要提出建議，例如：「趁現在還年輕，要多補充鈣質，要多加強肝功能。」

或者追求快樂：「你不是想要出國旅行嗎？但你這樣一年拖過一年，到頭來夢想根本不能實現。要不要加入我們的方

案，可以讓你更早實現旅行夢？」

　　要有解方，前面的四階段問句才有意義，但是如果一開始就提解方，客戶就會直覺認為你在推銷，也不想理你。因此問句要在前面四階段的基礎上再提出，效果才會更好。

六、問作法（或者說問好處）

　　這裡就要談細節了，如果要改善身體該怎麼做？吃保健食品好嗎？但是該怎麼分辨這產品是好是壞呢？最後客戶一定會問：「我買這個東西，具體來說，對我有什麼好處？」

　　這時候，不只業務要問問題，客戶也會開始有很多問題想問。於是這個階段的問題比較實際，例如業務問客戶，現在的血壓指數是多少、平常的飲食習慣是怎樣。

　　客戶回答後，業務說，如果是這樣的情況，比較適合我們家推出的 B 系列產品。此時客戶可能就會問，A 系列跟 B 系列有什麼差別嗎？於是業務就掏出產品說明書一一解說。

七、問成交

　　不論前面談了多久，最終一定要問到這個「關鍵性」問題：「先生，請問你要刷卡還是付現？」

　　經歷以上七個步驟，就形成完整的問句溝通。

實戰注意事項

針對業務七問，這裡再做一些簡單的補充說明。

» 問親和

這是整體業務最重要的一個步驟，其中牽涉到業務的基本心態，以及如何一開口就吸引對方。關於這個部分，也是本書前面所講的重點，這裡可以再複習一下。

1. 第一個關鍵是，業務在銷售給別人前，要先銷售給自己。如此，展現在對方面前的時候，就有一種強烈的自信心。

2. 為了加強自己的自信心，可以先列出「客戶要跟我買的五十大理由」，並且勤練如何應答。

3. 如何問對第一個問題，讓對方一下子與你拉近關係？關鍵點可以是「向上歸類法」，透過找出彼此共同點，好比說同校、同鄉、同樣嗜好……等等，讓彼此拉近距離。

4. 另一個重要關鍵是，人人都愛談自己，第一句話就要導引到對方身上，讓對方關心他自己，藉此也可以拉近彼此的距離，開始進入下一階段的交談。

» 問背景

同樣的，在前面我們介紹過幾種可以了解背景的方法，例如 FORMDH 法。這裡的關鍵在於如何既能了解對方的背景，過程中又可以讓對方心甘情願的講。除了基於前頭的親和度外，我們也要懂得問話必須和商品有密切相關，或者就只是無意義的閒聊。

» 問痛苦

這可以說是七個步驟中的關鍵轉折點，因為問到痛苦處，最終才能導入需求。

原本我們做任何事的驅力就是兩個，一個是追求快樂，一個是逃離痛苦，而這兩者相比之下，逃離痛苦的力道還比較大一些。因此，在和客戶談銷售的時候，要是看到客戶猶豫不決時，可以針對其「痛點」，有意無意的透過問句來提醒。

假定你銷售的是保健食品，但是客戶本身並沒有這方面急切的需求，那麼你如何讓現在在你面前的這個客戶，願意掏腰包買你的保健食品呢？以下是模擬對話：

業務：「想像一下，如果你沒有買這個商品，那麼日後你就少了這部分的保健。你的血壓不是本來就偏高嗎？如果長此以往不去管它，你不擔心未來的人生嗎？」

這個問題讓客戶皺了皺眉頭。

業務：「我知道養小孩很辛苦，你可能想說，與其買這些保養品，不如去買小孩子的用品。但是你知道嗎？如果你的身體狀況不改善，五年、十年後，孩子還在念書，你這個身為家中支柱的大人，卻要三天兩頭跑醫院，這個家會變成怎樣呢？」

客戶想到這個問題時，明顯表情糾結。

業務：「還有你的母親，現在也都七十幾歲了，正需要你的照顧。如果你連自己都照顧不好，那還怎樣照顧家人呢？你想一想，媽媽的年紀那麼大，卻還需要時時擔心你的健康，你忍心讓媽媽如此煩惱嗎？」

痛啊！痛啊！客戶內心掙扎著。

業務：「其實這些痛苦都是可以化解的，這個產品雖然說貴，但是只要加入我們的會員，取得會員價，平均一罐才500 元，每個月 500 元照顧你一生的健康，這樣算起來很划算吧？你也不需要再讓家人及媽媽擔心了，不是嗎？」

客戶被業務刺激了這一串，腦海浮現出一幕幕痛苦的畫面。現在業務告訴你「逃離痛苦」的方案，每個月只不過500 元，你願不願意？客戶當然願意了。

以上的問話，已經一次包含「三問」了，亦即問痛苦、問放大以及問解方。講到了問痛苦，現在來談問放大。

» 問放大

以前述的例子來說，原本客戶可能沒有特別要買保健品的需求，但是經過業務的「提醒」，他發現如果不買就會有某些痛苦。例如不買保健食品，他可能會有心血管疾病，這的確是痛苦，也因此讓他開始思考購買產品的必要。

但畢竟「此時此刻」他尚無明顯的大痛苦，有可能他想一想會說：「好吧！我知道了，以後我要多注意健康。」然後站起來拍拍屁股走人。

要立時留下他的方法，就是「問放大」。所謂的放大，當然是將痛苦放大，這裡提供三種基本模式：

1. 情況放大

例如如果不吃保健食品，可能就會有高血壓、高血糖、高血脂等三高問題，這是痛苦。但只是這樣的話，可能客戶還沒有很大的感覺，於是業務可以強調三高的嚴重性。有人前一刻還好好的開心唱歌，然後就突然心臟很痛，接著倒在地上，短短幾秒鐘內就離世，連遺言都來不及說，這是不是很可怕？此外，糖尿病最嚴重有可能會失明甚至需要截肢，而往往糖尿病是沒前兆的，這可不可怕？

原本客戶只知道可能有三高的痛苦，一旦業務把痛苦擴大後，他才覺得三高超級可怕。

2. 時間放大

這也是最常用來強調痛苦的方法。畢竟在許多時候,當事人「現在」不一定有需求,特別是健康和財務等方面,往往都要從長遠來看。所以業務要放大痛苦,就可以強調:「你知道嗎?你現在如果不做好健康規劃,但是你體內可能已經有生病的因子,今天本來只是小小的規模,一顆藥就可搞定。可是如果現在不管,五年後病情真正發作了,那時候就算吃藥也沒救了。許多心血管疾病,吃藥也只能緩解,不能根治。你要這樣子嗎?還不如趁現在還來得及的時候趕快預防。」

像是財務狀況也是這樣:「你現在不早做規劃,五年後當和你同年紀的人都已經資產好幾百萬了,你還是停留在原點,這樣好嗎?」

把時間因素放入後,這麼一放大,客戶就會感受到嚴重性了。

3. 影響放大

很多時候,一個人雖然在乎自己,但可能更在乎親愛的家人,例如老婆、小孩和父母。所以當你講到他個人時,他可能想說沒關係,自己的事自己負責,總之多注意一點就好。但是當你談到他的家人時,情況就不同了。

「別以為你不注意心血管狀況,只是你自己的事,我們不

是常說要愛家人嗎？可是當你生病了，不但不能賺錢養家，還要勞煩家人費心，這是真愛嗎？想像一下，你一直不去注意身體，五年後三高發作了，那時候你能對家人負責嗎？想想你親愛的媽媽，你要白髮蒼蒼的她終日愁眉苦臉嗎？你忍心嗎？」

當然，實際的話術要依照現場的情況而定。但是基本上，光講痛苦只是刺激客戶「想起」需求，唯有透過放大，才能讓客戶覺得「不買不行」。

問解方：業務總要提出解答

前面從親和講到放大，最後就要進入重點，也就是導入解答。當然，解答一定就是自家的產品。前面介紹的 INCOME 問句溝通法，就是讓客戶從需求導入想要購買，這裡再做一些補充。

談起銷售，許多的業務真是太厲害了，他們的口才一流，並且用心對產品做足了功課，甚至一天工作十多個小時，每天為了拜訪客戶而奔忙。他們對自己有很多的期許，賦予自己很多的使命，面對客戶時也充滿信心，乃至於他們銷售東西時，賣著賣著都忘了一件最重要的事：**東西是要賣給客人的，對客人來說，最重要的是這樣東西對他有什麼好處，而不是你有多會表演。**

　　所以問解方很重要，但是這解方給的要有技巧。我必須再次強調，與其多講，不如多問。

　　講，是自吹自擂，想讓鎂光燈集中在自己身上。問，是讓話語權（以及採購權）回歸到客戶身上，所以，不要當英雄了，試著讓鎂光燈重新聚焦在客戶身上。

　　以銷售來說，不論是什麼話術導引法，最終都還是要為客戶服務，如果客戶不懂，我們要透過說明讓他們懂。其實最好的說明，不在你手上公司發的簡介裡，而在客戶的腦袋裡，業務該做的，往往是刺激客戶啟動他的腦袋想像力。

　　當我們介紹一臺機器功能有多好時，客戶有聽但不一定懂。但是假如你說：「現在請你想像一下，假定你手中只有昨晚的剩菜以及一點點佐料，然後，你如果擁有這臺機器，你可以如何化腐朽為神奇？」

　　當客戶開始想像的時候，他腦海中的畫面，絕對比你手中的說明書還有吸引力。所以要銷售一個商品，與其強調功能，不如讓客戶想像自己使用商品的感覺。

　　這裡有一個來自我朋友分享的實際案例。我朋友是房屋仲介，他手上有一個物件，房屋本身的格局不錯，但是有一個明顯的缺點，在室內走走看看都沒什麼問題，然而只要一打開窗戶，客戶可能就會皺起眉頭了。

　　原來，這間房子位在市郊，最大的優點就是親近大自然，

然而不幸的是，那一帶也正好是墓園所在地。這間房子只要一
打開左邊的窗戶，就可以看見遠方的夜總會，雖然距離其實很
遠，但是人們總是不愛看到墳墓。

儘管房子的右邊窗戶打開，可以看到都市難得一見的大片
綠地，也能呼吸到新鮮的芬多精，但總是無法抵消墓地帶來的
負面影響，因此這間屋子也就遲遲無法銷售出去。不論我那位
朋友怎麼展現三寸不爛之舌，有時候甚至想作一下弊，故意把
那扇窗子封起來，畢竟窗戶看得到墳墓並沒有違法。但是他終
究覺得做人要誠實，還是沒有那麼做。

後來我那朋友是怎麼把房子賣出去的呢？不是靠他的口才
好，而是靠他引導客人想像。那一天來了一組客人，是一對年
輕夫妻加上一對可愛小孩，或許我那朋友同樣的話術講累了，
當他看到客人的表情時，覺得他們應該也不會要買，乾脆和客
人坐下來聊天，請客人想像一下住在這裡的感覺。

他當時是以朋友聊天心態一邊問問題，一邊引導客戶想
像住在這裡的感覺。那位爸爸一邊說，媽媽也在旁邊補充，想
像小倆口帶著孩子在草皮上翻滾，夏天的微風吹來，一家人愉
悅的散步，小孩子這時候也跑到窗口大喊著：「好漂亮！好漂
亮！爸爸媽媽，我看到蝴蝶耶！」於是那畫面越來越美。而這
樣的畫面，只有在這棟房子才有，都市裡是很難找到的。

就因為這樣的想像，客戶心動了。這時候，我朋友適時

補充：「其實那墓地離這裡很遠，從窗外看過去也只是遠景罷了。更何況這些年可能綠地會做植栽，那些墓地也就會被林木遮住了。再加上由於有那塊墓地的缺點，所以房價相對比較便宜，如果再隔幾個月，也許到時候墓地被遮住，想用這麼便宜的價格買就難了。」

就這樣，客戶被說服了，後來成交了該棟房子。

所以，經過十幾二十次的認真說服都沒有成功的事，反倒後來透過想像和問問題，讓客戶自己說服自己，最終達成了銷售。

其實很多商品都可以透過客戶自行的想像，增加銷售力。最明顯的就是體驗式的商品，其中最標準的例子就是汽車，因為汽車本身就是一個可以讓客戶融入情境的商品。

「想像一下，你載著心愛的女孩，馳騁在山林，那種愉悅的感覺，人生夫復何求啊？」

「我們辛辛苦苦賺錢是為了什麼？還不就是為了這個家，賺再多錢也換不到孩子快樂的笑聲。想像一下，你開著這輛車，孩子在後座興奮的尖叫，那畫面多麼有天倫之樂啊！」當客戶被你的話引導進入真正開車的情境時，距離成交也就不遠了。

而若是比較不能體驗的商品呢？好比說保健食品，你不能要客戶想像一下吞下這些產品的感覺吧！畢竟，有時候保健

產品味道並不那麼好。這時候的想像，就不是想像如何使用產品，而是想像多年後的某一天，當一群跟你一樣的中年人（是的，業務表示，那時候你已經不年輕了），興奮地準備去登山，結果你若是三高患者，甚至你因為關節炎不良於行，更嚴重的可能你三天兩頭要跑醫院，無法跟隨大家前往。

　　想像一下，如果別人都健健康康的，只有你每天愁眉苦臉，為病痛所苦，你要的是這樣的人生嗎？再想像一下，你因為持續食用本保健產品，就算年過半百，身體機能也都能照顧得好好的，上山下海都沒問題，並且能持續在生意場上如魚得水，這樣的生活你不喜歡嗎？

　　各種商品都可以想像，舉凡女性想像自己使用保養品變美、男子使用本套課程變得博學多聞，或者買了這臺機器，讓整家公司營運績效提升 50％……等等。

　　想像力很重要，但是重點是，業務要懂得把這些想像給「問」出來。

　　這時候你會發現，解方雖然在你的手裡，但不是從你的口袋掏出來，而是你從客戶的腦袋裡導引出來。

問好處：要讓客戶確認為何跟你買

當抓到痛點也提出解方了，但好比說有三高疑慮，所以要吃保健食品，然而保健食品有成千上百種，客戶為何要跟你買？這時就要談自家商品的好處了。

談起如何介紹自己的商品，本書前面也提過許多例子及公式。然而公式是死的，人是活的。之前曾舉例，以 SPIN 銷售法來說，有時候如果死板板的按照順序，反倒無法獲致效果，當碰到特殊的情況時，就要懂得變通。

而在銷售上，有另一個知名的銷售法則，也常常被不知變通的業務用僵了。「FABE 模式」是由美國奧克拉荷馬大學企業管理博士、臺灣中興大學商學院院長郭昆謨總結出來的。

所謂的「FABE」，分別代表著「Feature（特色）」、「Advantage（優點）」、「Benefit（效益）」與「Evidence（證據）」。

基本上，作為基本原則，這是業務介紹產品很棒的方法。

1. 展示產品的特色

好比說，本公司的微波爐取得國家認證，結合最新的科技應用，是以最高規格的標準生產出來的。

2. 展示產品的優點

接著說，本公司的微波爐有七大優點：第一，擁有清楚的介面，操作方便；第二，重視安全，符合各大安全標準；第三……

3. 展示產品可以帶來的效益

可以說，從前的微波爐因為有種種問題，許多時候家人可能覺得麻煩，就懶得使用，因此不那麼常用微波爐。但是我們公司的微波爐，保證全家人都可以方便使用，包括小朋友放學回家，也可以自己打開冰箱，取出微波食品放進微波爐，幾分鐘內就有熱騰騰的美食。

4. 提出產品優勢的證據

最後，我們就來實際操作，這裡我們準備了不同類型的食物，現場觀眾可以看看使用本微波爐呈現出來的效果。

透過以上的 FABE 法則，理論上，一個公司新進員工很容易可以照本宣科，頂多花個一、兩天時間，就可以熟練地在不同場合，對著消費者做簡報及操作示範。

然而這裡卻有一個嚴重的問題。還記得嗎？前面我們舉過一個例子，一個學生準備了很充分的資料要去應徵工作，結果

企業直接說對不起已經找到人了，讓他白忙了一場。同樣的，當業務員認真準備了許多的簡報資訊，想依照 FABE 的順序來呈現時，結果可能發生什麼事？可能還沒導引到結論，客戶早就跑光了。

特別是當業務講到：「本公司微波爐有七大優點，第一點……」當臺下觀眾聽到有「七點」要講喔！天啊！學生時代聽校長落落長的訓話噩夢又來了。於是可想而知，許多的聽眾知難而退。如果是一對一的銷售，也許對方不好意思立刻走人，但是也掩不住意興闌珊，不斷打呵欠。

所以，FABE 銷售法則有錯嗎？法則本身並沒有錯，這的確是一種非常有邏輯、可以引導消費者一步步認識產品的好方法。重點是，如何活用這樣的方法？答案就是「結合問句」。

讓我們換個方式舉例吧！當我們講到本公司的微波爐產品具備某某安全標章，並且引用不同國家的數據時，聽者一個個昏昏欲睡，但是如果將講法改成這樣子，就會變得不一樣。

業務：「這位太太，請問你家有小孩嗎？」

客戶：「有，我有兩個小孩，都還在念小學。」

業務：「如果你不在家時，想讓孩子自己用微波爐處理晚餐，你會放心嗎？」

客戶：「有點不放心。」

業務：「為什麼？」

客戶：「因為怕孩子操作不當，引發爆炸或傷害啊！」

這時候業務就可以對著大家講：「所以，是不是大家都有這樣的疑慮，想使用微波爐，但是又害怕安全問題。如果有新的科技，可以做到保證安全的防護，你們相信嗎？」

接著，業務員開始展示微波爐的操作細節。其實後續的整個流程都還是依照「FABE」的重點，一個個由特色、優點、效益以及證據來講。只不過把原本的「說明會」形式，改成問句對答的形式。

結果非常明顯，如果是對著群眾問問題，那麼群眾都會反應熱絡，甚至爭先恐後的想問問題，或者想要親自操作看看。如果是一對一的介紹，對方也會因此感同身受，不再覺得「講者是講者，我是我」了。

其實這世上有很多種銷售法則或業務技巧，但是法則歸法則，技巧歸技巧，任何的銷售，終歸要面對的還是「客戶本人」。好的業務，不是依賴自己口才一流來獲致業績，而是靠著打動客戶的心來達成業績。

只要最終的目標，打動客戶的心可以做到，那麼又何必食古不化，一定要照法規的順序走呢？

只要讓客戶真正了解商品的好處，你就是一個好的業務。一旦走到這步，最後就要進入成交了。

問成交：決勝關鍵，就是要簽約

不論前面談了多少的問句新法或問話技巧，以業務銷售來說，最終還是要獲致一個結果，那就是讓客戶點頭成交，並且願意親自在簽帳單上簽名。

甚至可以這麼說，如果你有辦法，前面什麼話都不用說，就只是把商品拿給客戶問他：「刷卡或付現？」（更誇張的做法是連話都不必說，只伸出手來要客戶付錢）接著就有錢入帳，如果是這樣，那也不必學任何問句法則了。

我們再來總結幾種「必勝」的問句收單法。

» LIKE 成交法

一般來說，我們都願意付錢給自己「喜歡」的廠商，好比說，吃麵會去服務態度好的那一家，買衣服會向最親切可人的專櫃小姐買。

本節也是要介紹「喜歡」，但在此我們要先以英文來呈現。「LIKE」就是喜歡的意思，但有意思的是，這個字還有另一個含意就是「相像」，而這兩個意思結合起來，剛巧就是業務銷售成功的真諦。業務銷售要成功，就是要讓客戶「喜歡」你，而剛好客戶會比較喜歡的，是與自己「相像」的人。

就好比當兩個人吵架時，我們會支持的是「自己人」而

非外人；在國外旅行時，我們看到同樣來自臺灣的朋友，會感覺比較親切；因此，大家買東西也會比較願意和自己相近的人買。可以說，如果我們能在談話的過程中，讓對方感覺到彼此很相像，成交的機率就有可能大增。

記得前面我們說過的「INCOME 問句溝通法」，其中從 Inquiry 到 Call 再到 Offer，這三個步驟會形成一個循環，在這三個循環中，若能融入愉悅的互動，就可以最終導向 Manage 到 Expect。

在這過程中，如何善用 LIKE 法，也就是讓客戶覺得你很親和，願意更親近你呢？重點就是當我們問客戶問題，以及客戶回答時，我們是如何 Offer 的。所謂 Offer 就是回饋，例如業務問客戶對飲食的偏好。

客戶：「我比較喜歡天然風味的東西，太多人工添加我不喜歡。」

業務：「喔！天然風味。」

客戶：「是啊！像我吃東西也很重視食品是否採用在地食材，這類的節能減碳概念我也很在意。」

業務：「是！重視在地食材，這真的和節能減碳有關。」

客戶：「我們吃的很多東西，表面上顏色看起來很漂亮，但是你想一想，大自然出土的食材是那個顏色嗎？根本都是人工色素啊！這樣的東西天天吃下去會怎麼樣？」

業務（邊回應邊皺眉）：「對啊！都是人工色素，不敢想像吃下去對人體會怎樣。」

一席話下來，都是業務問個簡單的問題，然後由客戶回答。細看整場交談，業務在幹嘛？講難聽一點，他根本就是在「鸚鵡學舌」嘛！哪有發表什麼意見，根本只是跟著客戶的對話而已。

然而，往往成交的祕訣就在這裡，與客戶交談時，其實不一定要表現出你學富五車或多麼專業的樣子（除非他正式和你請教一些專業問題），否則以上面的例子來看，每當客戶講話，業務就適時地予以回饋。其結果就是，客戶很樂意再講下去，並且在潛意識裡，他會有個錯覺，以為彼此很「相像」（其實真的是錯覺，之所以會相像，是因為對方只是像鏡子般，把原來的你再投射回去而已）。

這就是鸚鵡學舌法，但經常就可以靠這樣的方法，讓雙方談話愉快。

而 LIKE 法還有進階應用，前面講的是「話語 LIKE法」，現在來講「動作 LIKE 法」。實際上談話的兩個人，原本是否相像並不重要，重要的是你可以讓兩個人刻意相像。其做法很簡單，就是「對方做什麼，你就跟著做什麼」。好比說，對方撥頭髮，你就跟著撥頭髮，對方聳聳肩，你也跟著聳聳肩。

　　讀者這時可能會抗議，裕峯老師，這不對吧！如果你完全模仿對方的動作，對方只會覺得你是在搞笑，或者甚至覺得你是在侮辱他吧？

　　是的，我們要模仿對方的動作，但卻是要有技巧的模仿。

　　這裡有三個模仿基本原則：

　　第一、模仿動作要晚個幾秒鐘，不能同步動作。

　　第二、模仿要抓其形，但不能一切照做。

　　第三、只模仿好的動作，不模仿負面動作。

　　舉例來說，客戶今天講話講到某產品實在很糟，然後他搖搖頭聳聳肩，你也跟著他搖搖頭聳聳肩，後來他講到有點氣憤填膺，撥弄一下頭髮，你稍後也不經意地撥弄頭髮，但是動作不完全一樣。對方如果有些負面動作，像是鼻子癢抓鼻子之類的，這就不要模仿。

　　整個下來，要做到不會讓對方覺得你是在模仿他，但卻能夠有個錯覺，你們兩個很像。這樣的錯覺最終會讓客戶對你有莫名其妙的好印象，最終要簽約時，他就會比較有意願了。

» 締結訂單的無敵話術

　　銷售大師曾說：「這世界沒有銷售不出去的產品，只有不懂銷售的業務。」

　　懂得銷售，我們可以把梳子賣給和尚，也可以把豬肉賣給

回教徒。關鍵都是在話術的應用，特別是問句式的話術。

　　現在假定某個客戶經過前面的各種交流，我們已經應用過開放式問句、向上歸類法，以及 FORMDH……等等方式。總之，這個客人基本上已經不是陌生人，他對產品有一定的認識，你該介紹的商品功能也都講過，最後就差訂單締結了。都已經來到這一步了，若最後只因業務員「不好意思」問對方要不要成交，或者只顧著彼此哈拉，然後忽然客戶看看錶說有事要先走了，徒留下殘念，那就不好了。

　　這裡介紹三招話術，可以連環套用，一招不成接著下一招，除非對方根本完全沒有興趣買東西（那他之前為何和你聊那麼久？），否則善用這三招，就有很高的訂單締結成功率。

1. 沉默成交法

　　當雙方談到一個階段，你看時間也差不多了，準備要和對方簽約，於是你伸出友善的手，準備和對方握手。依照華人的習慣，握手是一種禮貌，你都已經伸出手了，對方也應該相應和你握手才對。然而握手也代表達成協議，此時你就順勢拿出合約以及高級鋼筆，請對方坐下來簽名吧！

　　不過如果當你伸出手，客戶此刻卻面露猶疑時，表示他還沒有下定最後決心，確定要成交。這時候，你的手還是要伸著，也許氣氛會有點尷尬，但此時的壓力是在客戶端。你可以

說：「我阿公常說，當一個人面對問題的回應是沉默時，那就代表答應了，是不是呢？」

當客戶聽到你這樣說時，多半就會笑一笑，然後站起來與你正式握手，雙方正式成交。

2. 一到十評分法

當我們使出沉默成交法，客戶卻仍不買單時，那就表示他真的不只是猶豫，而是他覺得需求尚未被滿足，那這就是業務員的責任了。

此時我們就要開始提出問句，我們可以這樣問：「這位先生，衷心想請教您，如果說對於買這輛車的意願，有一到十的評分等級，分數越高代表意願越大，那麼你對於買這輛車的意願有幾分呢？」

一般人對於評分都是有興趣的，也都願意回答這樣的問題。假定客人回覆：「我覺得是 7 分。」

7 分，那很好啊！其實已經快接近滿分了。

於是我們接著問：「請問，如果說我們想讓分數達到十分，那我必須要做到哪些事，才能達到滿分呢？」

這時候客戶就會開始邊想邊回答：「如果付款方式可以更彈性一點，如果可以附贈更多的配備，如果能有更長的保固期，那麼我比較會考慮。」

原本當我們問評分這個問題時，目的就是要導引客戶說出他的顧慮，現在，他真的說出來，我們就可以對症下藥。

「再請問，如果您提出的這些問題，我都可以幫你提供解決方案，那就代表可以滿分了嗎？」

聽到這裡，有時候客戶可能會再補充一些問題，但更多時候，客戶往往就會笑一笑說：「既然如此，我們就簽約吧！」

3. 最後回馬槍法

當然，世事不一定能盡如人意，即便我們已經很努力行銷了，最後也採用了沉默成交法以及評分法，但還是不能讓面前的這位客戶點頭答應，簽名締結訂單，那不一定是你的錯，畢竟這世上有各式各樣的人，有的人就是習慣多思考兩天再決定，也許他今天不說話，但是過兩天就來電主動說要下單；有的則是太害羞了，他其實還是有些顧慮，但就是不知為何，仍無法盡情透露。

總之，都到了這一階段，對方還是不能成交的話，那就使出最後一招吧！

這時候，你可以假裝放棄一般說：「是的，我知道了。今天謝謝您來給我這個機會拜訪您，介紹我們家的產品。」你一邊禮貌的說話，一邊收拾你的東西，把合約、筆以及文宣品等等，逐一收入包包裡。請注意，每個動作都要慢慢的，因為我

們這時準備要使出回馬槍了。

　　就在一邊收拾東西的時候，你忽然又問了一句：「陳先生，感謝您今天和我交流，我們今天談了這麼久，也算是朋友了，可以冒昧請問您真正拒絕的原因嗎？我需要知道答案，這樣子我去拜訪下一個客戶時，就可以更切合實際，我這樣小小的要求，請您不要拒絕。」

　　這時候談話都已經結束了，所以客戶多半都會卸下心防，當你這樣問，他也就毫無防備的說出一些「真心話」。

　　「其實啊！我個人比較屬意的是另一個牌子，因為他們有某個功能。」

　　「另外啊！其實我最近手頭上比較拮据，我預計要到下個月才有錢買新的產品。」

　　聽到這裡，原本好像已經收拾好包包的你，突然眼睛一亮，原來如此。

　　你突然又坐回位置：「老實說，某某牌的那個功能已經過時了，我們有更新的方案。至於付款的事，您更不需要擔心，我們可以現在簽約，先抓住優惠期限的價格，正式付款期限，我可以幫你爭取延到下個月，這樣子不是很好嗎？」

　　此時，已經被你掀出底牌的客戶，多半也只能配合你的方案，正式坐下來與你繼續談，最後獲致成交！

獨家公開！裕峯老師十招必勝成交法

招式一：仙人掌成交法

» **情境**

客人：「老闆，這個吸塵器怎麼賣？」

店家：「這是最新出品的款式，一臺 8000 元。」

客人：「太貴了吧？」

店家：「不會，我們賣得不算貴。」

客人聳聳肩，不置可否轉身離開……

» **解析**

各位都有打過網球、羽球或桌球吧？雙方一定要有來有往，球賽才進行得下去。銷售也是如此，上面的案例，客人連問了兩個問句，店家回答都是直述肯定句，結尾都是句點。也就是當店家把話講完時，對話就進行不下去了。就好比球到了你這邊就落地，沒能回擊回去，互動既然結束，當然不

會成交。

　　正確的做法，要把球擊回去，也就是結尾必須要是問句。所謂的「仙人掌成交法」，又叫做刺蝟成交法，可以想像一個畫面，當有人把一株仙人掌或是一隻刺蝟丟到你手中時，你的反應是什麼？

　　當然是丟回去，因為會刺手啊！我們交易時也是要這樣，客人問話時，我們要想辦法「丟回去」。

» 具體應用

　　所以，我們再來一次吧！

　　客人：「老闆，這個吸塵器怎麼賣？」

　　店家請不要用句號回應，而是要逗點加問號：「8000元，小姐您喜歡哪一種款式？我們搭配不同場合還有不同配件，您要不要看一看？」

　　客人：「8000元太貴了吧！超出我的預算。」

　　店家：「我了解每個人有不同的機型需求，那麼小姐您的

預算是多少？我來幫你找看看有什麼適合的選擇。」

　　當你問話時，除非客人是很沒耐性、很不懂禮貌的人，否則基本上一定會有所回應，就請抓住這個回應，對方問什麼？我們不但接球，還要立刻丟回去。

　　客人：「有沒有紅色的呢？」

　　店家：「雖然沒有，但是粉紅色系列也很受歡迎喔！小姐您要買一個還是搭配套裝組件？」

　　就這樣，針對客戶的問話，第一句先對接他的問話表示尊重，然後接著這句話回以一個問句，最終就可以導入那句最終的問話：「請問您要刷卡還是付現？」

招式二：定錨成交法

» **情境**

在百貨賣場。

客人：「這瓶乳液多少錢？」

售貨小姐：「3000 元。」

客人：「坑人啊？那麼小瓶貴成這樣？」

在美妝精品店。

客人：「這瓶乳液多少錢？」

售貨小姐：「今天是調漲價格前的最後一個銷售日，特價 3800 元。」

客人：「我買兩瓶可否算我便宜一點？」

» **解析**

這世上的任何價格都是「比較」出來的，誰規定鑽石賣那麼貴？鑽石又不能吃、不能用，沒任何實用價值，反倒日常生活中的柴、米、油、鹽都是生活必需品，但主婦們卻會為了貴個幾元，放棄這家賣場跑到其他賣場買。

其實每個東西在人們心中都有一個價格，這些價格是怎麼來的？價格往往是被「製造」出來的。

明明一樣是球鞋，你說它是 NBA 球星指定款，在大家的心目中價格就被定位為好幾千元；然而同樣材質的另一雙球鞋，只是少了名牌 LOGO，就被定位為擺在路邊的兩、三百元地攤貨。

銷售這件事說難很難，要簡單也可以很簡單，例如你讓一個商品被定位在高價，然後你只需打個折扣或給個優惠，可能大家就會搶著買。那個定位很重要，在銷售上，把這件事叫做「定錨」。

» 具體應用

一般的銷售實戰上，定錨有很多方法，這裡舉其中三種常用的方法：

- ### 價格錨

如同前面舉例過的球鞋以及乳液，被賦予高價值的形象，在大家心中被定了高價值錨，於是即使是高價位，價格也會被當成是可以接受的。

例如我們去星巴克咖啡，可以看到一瓶礦泉水就要價 90 元，怎麼那麼貴？其實星巴克並不靠賣礦泉水來衝業績，但是當客人一看到連礦泉水都要賣 90 元時，這時候要點一杯 80 元的咖啡，就會覺得很物超所值。因為礦泉水已經給客人一種高價格定錨：水都要 90 元了，咖啡 80 元算很便宜的。

其他像是美妝店的大特賣，在商品上大大貼著原價 1000 元，特價 799 元，那個 1000 元在客人心中定了個價格錨，於是 799 元就變成吸引人的價格了。

- **價值錨**

「價值」真的是很抽象的東西，但是傳統以來，大家已經習慣越被精細描述、越帶著複雜數字的物品就越有價值。例如談到鑽石，就會有很多術語，有所謂的 4C 標準，還有各種切工折射率等評鑑。

我們銷售一項商品，也可以給它「價值化」，例如一提到礦泉水，就稱來自阿爾卑斯山，經過大自然的洗禮，並且只萃取每天午時陽光照射下的精華，稱為午時水。

一提到毛衣，就說這是源自喀什米爾復育成功、數量有限的安哥拉羊，細度平均 32 微米左右，每隻羊僅能紡出 50 至 52 支紗。

總之，加上種種的數字、術語、專有名詞，一個原本普通的商品，瞬間就幻化成為高價精品。

- **參照錨**

以上兩個錨，一個是在客戶心中定下一個價格錨，當提出比價格低的售價時，客戶就會心動；另一個是在客戶心中定

下一個價值錨，讓客戶覺得掏出那麼多的錢是可以接受的。這兩種都是靠商品本身的定位，而這第三種錨，則來自和其他的對比。

特別是針對很難定價的商品，例如美白商品，怎樣是標準價格呢？透過參照錨，銷售員可以跟客人說：「這款保養品可以美白淡斑，在敦化北路的醫美診所，這一組要價至少 10 萬元起跳，現在呢！我們跟它們一模一樣的成分，需要 10 萬元嗎？不用，要 5 萬元嗎？也不用。今天只要 1 萬元，就可以取得跟那些貴婦一樣的效果。」

便宜了那麼多，客人當然迫不及待要掏出信用卡了。

一般在實際應用上，都是三錨並舉。

好比說一個培訓講師要銷售課程，先給學員一個價值錨：「我本身從事組織行銷超過二十年，分別在三家公司都締造了萬人的團隊，我的組織心法，被列為各大組織行銷產業的必學聖經。」

接著是價格錨：「一般企業如果想要邀請我做內訓，單日的價格是 50 萬元，兩天培訓要 100 萬元。但是今天你跟我是朋友交情，不用 50 萬，也不用 30 萬、40 萬，我就算你一天 10 萬元就好了。」

最後再用參照錨加強力道：「想一想，許多人找我一對

一諮詢都要 5 萬元了，但是你帶整個團隊來培訓，十個人就要
50 萬元，現在總共只要 10 萬元，就可以做到十人的內訓，
我這回真的是佛心來著。」

　　有定錨、有個比較基準，客人就比較願意買單，否則一味
的喊價，你說得再怎麼便宜，客人永遠還是覺得貴。

招式三：價值成交法

» **情境**

　　在電器賣場中，資深店長對著 A 小姐說：「小姐，這款電熨斗採用日本最新科技，有 360° Quick 底板，強力噴射蒸氣，陶瓷塗層加大型底板，可以大幅提升熨燙效率。」

　　而他對 B 小姐又是另一套說法：「小姐，我們的電熨斗提供保證同業最低價，而且搭配合作聯名銀行，提供六期免利息的分期優惠。」

　　新進員工納悶的問：「店長，為何你跟不同的人講同一個商品，話術不太一樣啊？」

　　店長說：「因為她們是不一樣的人，一個重視的是品質以及新潮，一個重視價格優惠，價值觀不一樣，話術當然得不一樣。」

» **解析**

　　如果有人說，他可以一套話術闖天下，那肯定是騙人的，或者說，他永遠只能銷售給某個特定客群。俗話說：「見人說人話，見鬼說鬼話。」這講的其實就是銷售的基本道理。

　　我們本來就該對不同的人講不同的話，因為大家的喜好都

不一樣。就以女孩們人手一個的包包來講，有人重視實用，有人重視外表酷炫，有人重視名牌。如果銷售時放錯重點，就算對方本來想買的，也會找其他人買，而不找你買。

　　但是銷售員要問了，我又不認識對方，怎麼會知道他的價值觀？價值觀當然是靠問出來的，其實就算親如家人，也不一定知道自家女兒的品味，或者先生也不一定懂太太買東西真正重視的是什麼？一切還是要靠開口問。

　　所以優秀的銷售員，賣東西前不會一下子就切入主力，而是會先簡單寒暄幾句，這並不是基於東方人的客套禮節，而是藉由談話先了解對方的價值觀，那麼後續的銷售成交率，就會大大提高。

» 具體應用

- 銷售健康食品

　　「小姐，先跟您請教一下，購買健康食品最重視什麼？」

　　「您最重視安全？那麼請教什麼是您定義的安全？」

　　「了解，您認為要有合格衛生單位檢驗證明才安全。」

　　「您認為第二重要的是什麼？」

　　「價格不要太貴？那麼請問您認為一個保健商品合理的價格是多少？」

　　「了解，攸關每日腸道消化系統養護，合理價格每個月

5000 元預算。」

「冒昧請問一下，您第三重視的要件是什麼？」

「不要顆粒狀的？您的意思是？喔！就是不要用吞的，但可以稀釋慢慢喝的你會比較喜歡。」

於是，綜合這位小姐喜歡的要素，就可以推薦幾款符合她滿意的商品，也許不一定會百分之百符合，但是都還在她可以接受的範圍內，最終也得到了她可觀的訂單。

» **個人練習**

1. 假定今天你是傳銷事業體系的地區主任，你想要招募新的夥伴，你一開始可以跟她聊哪些問題，觸及她的價值觀？

2. 假定你是保險公司的業務員，想要向一個客戶引薦的朋友做保單銷售，一開始你可以跟他怎麼聊，關心到他的價值觀及真正需求？

招式四：送禮成交法

» **情境**

　　在某個中小企業老闆的家，業務手中提著一個包裝很特別的禮盒。

　　「陳老闆好，我是臺中人，這是我家鄉的名產，是臺灣真正最早的鳳梨酥發明人傳承三代的正牌產品，今天來打擾您不好意思，請接受這份小禮物。」

　　這時候，只見老闆夫人跟孩子都跑了出來，夫人提起禮盒，不住的讚美。老闆本來只是想跟這位業務在門口茶几淺談半小時就好，後來覺得這樣不太好意思，於是就邀請業務進到裡頭貴賓接待室泡茶商談，業務也成功的談成了一張價值百萬的保單。

» **解析**

　　禮輕情義重，這是大家常聽見的道理。然而送禮當然是有學問的，如果凡是銷售都靠送禮這招，那也不需要什麼銷售技巧了，更何況如果見到每個人都送禮的話，銷售都還沒獲利，自己就先破產了。

　　送禮包含了兩個層面，一種是真正準備禮物送人，包括

精心挑選的貴重禮物，或者只是簡單的紀念品或伴手禮，這是所謂的「心意」；另一種不一定會準備禮物，而是宴請對方吃飯，也算是另一種形式的送禮。

這主要適用在一般跑外務的業務銷售，特別是商品單價較高的情況下，當你有機會遇到大客戶時，千萬不要吝於花錢。往往面對客戶時拿出誠意，對方就願意多給你幾分鐘時間，而那幾分鐘，很有機會就能帶來最終成交。

至於一般店鋪形式的定點銷售，也可以在銷售的關鍵時刻，藉由送東西推一把，當看到消費者有點猶豫不決時，銷售員就可以很阿莎力的說：「這樣吧！你若是今天買了這臺印表機，我就再附贈你原廠的彩色墨水匣！」

這一「送」，於是就簽下了訂單。

一般來說，送禮成交法是一種助力，而不是主力。也就是說，你的商品本身夠好，也有基本的說服力了，透過送禮可以讓雙方的距離拉近一點，讓對方更願意買單。

» 具體應用

簡單的銷售，當某個業務請你吃飯時，雖然那只是2、300元的簡餐，但是在你心中就覺得好像「欠」了他什麼，如果不跟他買點什麼心裡就會過意不去。如果是預算可以負荷的小東西，就很容易被成交，因為不想欠人情。

　　當然，對業務來説，最好還是設法讓客人心服口服，而不要只是勉強「捧場」，可以一邊請客一邊豪氣的説：「今天就交定你這個朋友，做不做生意不重要。」接著就約下次見面時間，到時候再來談銷售，成交率肯定大增。

招式五：目標成交法

» 情境

小陳下班後要回家了，被主任叫住。

「你不是明天上午要去拜訪王老闆嗎？你東西準備好了嗎？」

「主任安啦！我前幾天去竹科做過簡報，那份 PPT 我很熟了，明天沒問題啦！」

主任臉色一沉。

「你知道，王老闆的需求是什麼嗎？」

小陳看到主任的臉色不對，一問才知道事情沒那麼簡單。原來王老闆是屬於傳產業，簡報的重點是如何把原本老舊的作業模式系統化，跟在竹科園區簡報，如何配合科技公司原本系統做維修根本是兩回事，如果用同一份簡報，肯定牛頭不對馬嘴，成為失敗的簡報。

» 解析

這其實是很簡單的道理，無奈許多業務員就是想不透，以為一套簡報就可以天南地北跑透透，卻不明白業績老是無起色。如果願意多花一點心思，把每個客戶當成「主角」來看，

結果肯定會有不同。

　　同樣是賣房子，賣給單身年輕人跟賣給有小孩的小家庭，還有準備退休的銀髮族，銷售的重點肯定不一樣。同理，不論是銷售什麼東西，只要對象不同，準備的資料甚至銷售的產品組合，也肯定有所不同。

　　所謂的目標成交法，在一開始還沒拜訪客戶前，就要先大約了解顧客的一些基本資訊，他是做哪個行業、已婚未婚、家裡有沒有小孩……等等。當然，不同的產品可能關注的重點不同，但重點都是要先做功課。

　　這裡指的當然不是身家調查，但是一定要有個基本的對象「屬性」認識。簡單的屬性如對方是上班族還是學生、是中年男子還是年輕女子……。若有機會，例如有些商品先前有填過問卷，或至少當初的名單來源可能是某某社團名冊等等，都可以先取得一些基本的資訊。

　　有了這些資訊，再來設定目標，就比較有機會達標。

» 具體應用

　　談起目標，對客戶來說，我們要分清楚他們的屬性，對銷售員自己來說，要分清此行的主攻項目。一般來說，有**收心**、**收人**、**收錢**三大項目。

　　收心，可能今天去拜訪重點就是建立交情，讓彼此有個好

印象，為下回進階的談判鋪路。

　　收人，針對像是保險產業或傳直銷產業，可能拜訪的主要目的是要增員，亦或者我們想要讓對方成為自己的忠實宣傳者，談到後來就可以免費送他產品，換取他長期在他的群組為公司說好話等等。

　　至於收錢，那就設定今天的銷售業績，是要賣一臺電器或一輛汽車，或者是針對已經談了幾次的生意，今天要簽單收尾。這些都是出發前要想清楚的部分。

招式六：三明治成交法

» 情境

客人甲：「這個水晶鼻菸壺多少錢？」

店家：「5000 元。」

「太貴了……」客人甲轉身離開。

客人乙：「這個水晶鼻菸壺多少錢？」

店家：「3000 元。」

「太貴了……」客人乙轉身離開。

客人丙：「這個水晶鼻菸壺多少錢？」

店家：「1000 元。」

「太貴了……」客人丙轉身離開。

店家心裡 OS：「我怎麼樣賣，客人都說貴……」

» 解析

銷售界常聽到的一句話：「如果銷售只靠殺價，那麼我請一個大學工讀生來銷售就好，幹嘛還要請專業人員？」

是的，真正的銷售不能光用「價格」來賣，而是要用「價值」來賣。想用價格取勝，最終會落得殺價殺到破盤依然賣不出去的結果。然而價格是實際的，價值卻是抽象的，如何用抽

象來導入實際的成交，可以採用三明治成交法。

　　三明治成交法公式：價值＋價格＋價值

　　當客戶問的是價格時，透過三明治成交法，我們可以先闡述前言，以提升商品的價值印象，接著再來報價，最終再繼續用強調商品價值來做結尾。
　　當客戶了解商品的價值時，就願意接受價格。

» 具體應用

　　客人問：「這瓶益生菌保健飲的怎麼賣？」
　　店員可以說：「這位小姐，這瓶益生菌很特別，內含800 億個活菌，經過嚴格的數據追蹤，有上百萬個見證，我們也取得了國際認證。這樣一瓶只要 3000 元，可以喝一個月，也就是一天 100 元，就可以保障一生的健康。喝這瓶可以越喝越年輕，另外還有瘦身的效果。」
　　以上店員的銷售，就是採用三明治成交法，亦即話語的開頭跟結尾，講的都是商品優勢，也就是強調商品的價值，價格則擺在談話的中間。

請記得「價值」跟「價格」的關係：

當客戶認定價值小於價格，他會說太貴了。

當客戶認定價值等於價格，他會說考慮看看。

當客戶認定價值大於價格，他就會趕快掏錢包，免得太晚買不到。

招式七：握手成交法 (1)——談話前握手

» **情境**

看著剛進公司的小李無精打采的樣子，就知道他今天拜訪客戶又失利了。此時主管拍拍小李的肩膀，跟他說：「我看你都沒有跟人家握手的習慣，這樣後續是很難成交的。」

小李覺得很納悶，握手跟成交有什麼關係？後來他實地跟著主管去拜訪客戶，看見主管總是熱情地跟客人握手，主管去談的案子，的確成交率也都比較高。到底握手跟成交有什麼關係呢？

» **解析**

握手的確跟成交沒有直接關係，否則大家談生意都靠握手就好了。然而握手卻跟雙方後續互動有密切的關係，這就會影響到成交率。當一個人熟悉握手的節奏後，長期下來會培養他看人的能力。

當握手時感覺對方的手很軟弱，表示這個人比較缺乏自信，個性比較柔和，也比較容易親近及被說服。當握手時感覺對方的手力道適中，表示這個人有經過社會歷練，懂得應對進退。當握手時感覺對方的充滿力道甚至雙手並握，表示這個人

充滿熱情，喜歡掌控，跟這種人相處時，要多聽他講話，並且讓他主動講。

事前先透過握手了解對方的個性，在介紹商品及談判議價時，心中就會有個分寸，知所進退。面對比較沒自信的客人，我們可以強調自身的優勢來說服對方，面對比較熱情的客人，要常聽他講，盡量針對他的問題來回應就好。

至於我們自己，當與客戶握手時，要稍微出點力，當然不要刻意太大力，展現一定的熱情與自信，但又不失隨和，讓客人感覺到可以信任你。

或許讀者也會問，如果對方早就學過社交禮儀學，知道怎樣握手，那該怎樣判斷呢？其實如果對方有學過社交方法，就表示他有一定的社會歷練，原本就要小心應對了。

招式八：握手成交法 (2)——談話後握手

» 情境

當小李口沫橫飛地介紹完商品後，接著看著客人的反應，只見對方若有所思，將手托在下巴，微微皺眉。小李內心七上八下，希望客人趕快點頭，但是客人想了一下，接著站起來說要回家考慮看看，然後轉身離開。

小李一邊禮貌性的說謝謝，一邊心中也知道，這一回商談又失敗了。

» 解析

許多時候，人們花了 90％的功夫在介紹商品，試圖想要說服對方，但往往忙了半天，最終 10％的收尾部分卻沒能做到位，於是前功盡棄。

收尾非常重要，除非我們有把握該商品或專案非常能打動對方，但是大部分時候，客戶的心都還是處在「要」與「不要」之間游移，這時候如果不乘勝追擊，那麼客戶思考越久，往往就會越偏向負面決定，當他轉身離開，就會有其他業務趁虛而入，取得你原本可以手到擒來的戰果。

所以當我們商談一件事到了尾聲時，可以透過握手的方

式，當我們主動伸出手時，以東方人的習慣，對方伸手了自己也不好意思不伸。當兩人的雙手一握，感覺上就是一種同意的象徵，本來心中還在猶豫，經過這麼一握，對方就想：「好吧！那就簽下這筆交易吧！」

這種握手成交法，也稱作慣性成交法，讓對方習慣性地跟你握手，也因為握手這件事，提高雙方的「認可度」。

» 具體應用

當小美介紹完商品，客人也感覺到小美講得有道理，但是可能一方面覺得價格似乎比較貴，另一方面也還在想，自己真的需要買這套保養課程嗎？

這時候小美伸出手來：「小姐，感謝你的聆聽，可以邀你一起合作，讓我們共同打造未來一輩子的健康嗎？」

此時對方不知不覺也伸出手來，感受到小美握手的力道，這時候，小美順勢遞出課程同意單給客人簽名，再次成交。

招式九：遞筆成交法

» **情境**

當聽完小美的簡報後，王小姐的確對這套保養課程有點心動。可是她心裡同時想著：「現在決定會不會太早？我真的適合這套課程嗎？」

當她的心思還在閃動著，準備先說：「謝謝，我回家考慮看看。」然後起身離座時，小美一邊跟她說感謝您的聆聽，然後一邊把一份資料推到王小姐的桌上，同時也把一支帕克鋼筆遞到她面前。

看到面前有張資料，並且小美又遞筆給她，王小姐慣性拿起筆，接著小美打蛇隨棍上：「王小姐，你比較喜歡 A 方案還是 B 方案？」

「不然先選 B 方案好了，幾個月後看成效，再看看是否需要換方案？」

「今天要刷卡還是付現？」

» **解析**

前一招談過握手是一種慣性，可以做為收尾的一種成交法。這裡介紹的也是一種慣性，同樣也用在收尾，叫做遞筆

成交法。

原本王小姐要回家再考慮看看的，結果小美一將筆遞上去，她的心裡瞬間轉為「好吧！那就簽約吧！」

遞筆這個動作很重要，因為當對方拿了筆時，就代表同意要簽約了。遞筆的動作跟商品的價格有關，如果只是金額不高的商品，可能客戶看到筆就直接簽了；但若是單價較高的商品，例如是較高額的保單或是年度的保養合約，對方心中還是會考慮較多。

遞筆的關鍵，就是一隻手騰空，拿出一支精緻的筆，筆蓋已拿開，伴隨著要簽單的文件放在客戶面前。做這個動作時業務不需要講話，所謂的此時無聲勝有聲，除非對方本來就對這個專案沒興趣，或者根本沒預算，否則若商談已經到了一定的階段，來到要收尾的時刻，採用遞筆成交法，客戶往往有很大的機率會簽單。

» 具體應用

當一個談判已經來到尾聲時，把筆遞出去，可能客戶還是有點猶豫，業務也不必急著催促對方，就靜靜的看著客戶，手持續拿著筆停在客戶面前，這段時間大約三十秒。如果過了三十秒客戶還是無法決定，這時候可以搭配另一個輔導招式，叫做「阿嬤成交法」。

範例：

「我阿嬤常跟我說，如果沉默就代表同意，您說是嗎？」

客戶聽了可能會莞爾一笑，這一笑也成了推力，往往對方就決定簽單了。

特別要注意的，都已經要簽一筆大單了，千萬不要準備一支很「掉漆」的筆，什麼 7 元、10 元的雷諾原子筆，而且還會漏油，那就成交不成變笑話了。

建議常談大生意的業務，像是賣保險或是賣房子，一定要準備一支特別的簽約筆，可能是名牌鋼筆，或者一看就是高品質的筆，這樣的筆，才能做為遞筆成交法的工具。

招式十：三個希望成交法

» 情境

在某個建案賣場，看不慣學弟老是懷抱希望地跟客戶介紹房子，最終卻垂頭喪氣的，又是交易落空。他於是跟學弟說：「你啊！每次跟客戶講解都低聲下氣的，每個客人的氣勢都比你強，氣勢強的人，怎麼可能向氣勢弱的買房子呢？」

接著學長親自示範給學弟看，他靠近客人，然後用很有誠意的眼神看著對方，接著說：「這位年輕的先生還有小姐，介紹房子前，我想了解你們的需求，讓我問問你們三個問題好嗎？您希望擁有一間房子，可以讓你財富倍增嗎？您希望擁有一間房子，讓你幸福一輩子嗎？您希望擁有一間房子，讓你增加貴人運嗎？等一下我介紹的房子就符合這些條件，我保證！」

講完這番話後，那對夫妻已經被勾起了買屋的興趣，最後學長加上那一句「我保證」，他們就更信服了。

果然學長成交率就是比較高。

» 解析

一般我們與客戶商談的話術,可以切成前、中、後三段,分別是開場、中場以及收尾。

開場就是破冰,重點是要讓客戶放下心防聽你說。中場主力講商品,收尾準備締結成交。如果開場沒開好,往往後面的商談節奏就不順,很難成交。

開場如何破冰?重點是要先讓客戶信任你。一旦客戶信任你,才願意跟你買東西,因此開場就要讓客戶對你有信心。三個希望成交法,藉由一個帶點聊天性的互動,一方面拉近雙方的距離,一方面也在客戶心中建立一種美好希望。三個希望法最後搭上一句「我保證」,最終的效果就是讓客戶對業務產生信任以及信心。

這三個希望一定要事先準備好,每個產業不同,商品就有不同的希望設定,通常都是事先研究客戶普遍最關心的三個議題。例如賣健康食品時,就問對方:

您希望透過一樣產品,可以讓您免疫力提升嗎?

您希望透過一樣產品,可以讓您更新陳代謝更順暢嗎?

您希望透過一樣產品,可以讓您預期的壽命更加延長嗎?

客戶當然都「希望」擁有這些,這個時候再來導入商品,他們就會建立商品跟這些希望的連結。而當業務可以說出客戶的希望時,他們也會對業務更加有信心,最終業務再強調「我

保證」，客戶就很容易可以接受業務的說明了。

» 個人練習

不論你是屬於哪個產業，銷售怎樣的商品或服務，都可以採用三個希望（加上一個保證）成交法。

1. 假定今天你是銀行理專，要推廣公司的一套投資專案，你可以怎麼跟客戶做開場？

2. 假定今天你是衛生所的防疫宣導員，去到社區想要鼓勵大家打疫苗，你可以怎樣跟社區住戶們做開場？

提問式銷售聖經

頂尖業務都在學，從新手到高手，超業教練林裕峯教你用問句引導客戶心理，創造銷售顛峰，這樣問就成交！

作　　　者／林裕峯
美 術 編 輯／孤獨船長工作室
責 任 編 輯／許典春
企畫選書人／賈俊國

總　編　輯／賈俊國
副 總 編 輯／蘇士尹
編　　　輯／高懿萩
行 銷 企 畫／張莉滎‧蕭羽猜‧黃欣

發　行　人／何飛鵬
法 律 顧 問／元禾法律事務所王子文律師
出　　　版／布克文化出版事業部
　　　　　　臺北市中山區民生東路二段 141 號 8 樓
　　　　　　電話：(02)2500-7008 傳真：(02)2502-7676
　　　　　　Email：sbooker.service@cite.com.tw
發　　　行／英屬蓋曼群島商家庭傳媒股份有限公司城邦分公司
　　　　　　臺北市中山區民生東路二段 141 號 2 樓
　　　　　　書虫客服務專線：(02)2500-7718；2500-7719
　　　　　　24 小時傳真專線：(02)2500-1990；2500-1991
　　　　　　劃撥帳號：19863813；戶名：書虫股份有限公司
　　　　　　讀者服務信箱：service@readingclub.com.tw
香港發行所／城邦（香港）出版集團有限公司
　　　　　　香港灣仔駱克道 193 號東超商業中心 1 樓
　　　　　　電話：+852-2508-6231 傳真：+852-2578-9337
　　　　　　Email：hkcite@biznetvigator.com
馬新發行所／城邦（馬新）出版集團 Cité（M）Sdn.Bhd.
　　　　　　41，JalanRadinAnum，BandarBaruSriPetaling，
　　　　　　57000KualaLumpur，Malaysia
　　　　　　電話：+603-9057-8822 傳真：+603-9057-6622
　　　　　　Email：cite@cite.com.my
印　　　刷／韋懋實業有限公司
初　　　版／2023 年 5 月
定　　　價／380 元
Ｉ Ｓ Ｂ Ｎ／978-626-7256-68-8
Ｅ Ｉ Ｓ Ｂ Ｎ／9786267256671(EPUB)

城邦讀書花園　布克文化
www.cite.com.tw　WWW.SBOOKER.COM.TW